中公文庫

犬の行動学

エーベルハルト・トルムラー
渡辺　格訳

目次

序文

家畜とは、人間と相互に依存しあって生きている動物です。彼らは、人間の役に立つから存在するのですが、その役割を果たすために、野生の状態からは著しく変化させられています。しかし、我々はこのことを過小評価しがちです。頑健で敏感な猪は鈍重で愚鈍な家豚と化し、スラリとした野生のガチョウはブクブク太った家禽になってしまいました。家畜化は極端な特殊化を追求し、その結果、野生動物の数多くの特徴を失わせるに至っています。人間の保護下にある家畜動物は外敵と闘う必要がなくなり、俊敏で力強い性質を喪失してしまったのです。人間が求めるのは、成長の早さ、脂肪を蓄える能力、飼育が容易な性質です。これらのことは必然的に動物の行動様式にも変化をもたらしてしまいました。複雑な社会組織、高度に発達した家族制度を持つ動物は、家畜化するのに好都合とはいえません。野生のガチョウは誇り高く、一夫一婦制を守りますが、家畜のガチョウは伴侶を定めることがなく、どんな相手とでも交尾します。コンラート・ローレンツは家畜化の結果として現れたこの種の退化現象について述べています。

犬はこのような家畜化の例外とも考えられるでしょう。というのは、彼らは人間のパートナーとして育てられているからです。様々な要求に応えてきた犬は、聡明で学習能力があり、人間との意思の疎通においても驚くべき可能性を秘めているのです。犬は人間の種々の表現方法を理解しますし、自分を理解してもらう術を心得ていますが、それは学習の結果であることが多いのです。

ローレンツはこう書いています。

「あなたの犬が、鼻面で飼い主を押し、キュウキュウと鳴きながら扉に駆け寄ったり、流しに足をかけ、問いかけるような目つきであなたを見つめる仕種は、たとえようもなく人間の言葉に似ている。このような表現は、コクマルガラスやハイイロガンには絶対におこなえないものである」。

実際のところ、犬だけが、人間の近くにいるというだけでなく、我々と一緒に暮らすことのできる唯一の哺乳動物なのです。これこそが、ローレンツの言う、「創造的進化」であり、そこにはそれ相応の複雑な過程があるのですが、我々はこの驚くべき相棒のことについて極くわずかなことしか知りません。

エーベルハルト・トルムラーのこの本は、犬をもっと深く、広く知るのに大変役に立ちます。彼は犬の行動形態が若い時代にいかに発達していくかという点、そして、犬のしつけにおける様々な問題に焦点を当てています。犬を飼っている人たちはこの本を精読し、犬がどういうものかを理解し、飼育、あるいはしつけにおいて過ちを冒さないようにすべきです。また、純血犬種に見られる、諸々の頽廃的な退化現象についての彼の警告に耳を傾けなければなりません。無分別な流行は、家犬に家豚と同じ運命を辿らせるかもしれないのです。

トルムラーとは一九四六年からの仲です。その頃私たちはオットー・ケーニッヒらと一緒に、ウィルヘルミネンベルグの生物学研究所で仕事を始めたのです。彼は馬と犬が好きで、長年にわたる付き合いの中で、私は彼の意見を喜んで拝聴し、書いたものを読み、色々なことを教えてもらいました。本書の出版も大変喜ばしいことで、多くの方に読んでいただけることを念願する次第です。

I・アイブル・アイベスフェルト

まえがき

「誕生祝いの贈り物で何が一番素晴らしかったか判るかい？　うちの雌犬クローディアは私の誕生日に出産をしたのだが、その様子は君が本に書いているのと全く同じだったんだよ」

コンラート・ローレンツに挨拶した時、彼が私に最初に語った言葉がこれでした。その日、ピーパー書店は、テレビの撮影のためにごった返していました。しかし、この偉大な動物行動学者にとって重大なことは自分の犬の出産だったのであり、大勢の人々がお祝いの言葉を述べている間、彼はそのことを考え続けていたのです。長く面倒なテレビのインタビューに応じる約束をしてあったので、その時彼には照明が当てられ、まさにこれからスピーチを始めようとする瞬間でした。

たまたま彼の写真を撮った人がいたのですが、その顔つきは、飼い犬の出産に立ち会ったという、心の底からの、そして人間的な喜びにみちあふれていました。

科学者は、ユーモアなどとは縁遠い非情な性格で、自分の考えを押し通すために、抽象的思考によってしか世の中を見ない人々であると考えられがちです。確かにそういう科学者も存在します。多くの生理学者はコンピューターを駆使して生命を数式化して説明することに成功してもいます。

同じように、犬の繁殖家の中にも数字しか考えない人がいるのです。彼らは、犬を投資の対象と真剣に考えており、生まれてくる子犬たちからどの位のもうけがあてにできるのかを考えています。彼らにとって健康な子犬が生まれることは、繁殖業が利益を生み出すという意味においてのみ喜ばしいことなのです。ところでこの本は、そういう人々のために書かれたわけではありません。

また、専門家と素人の間に埋めることのできない差別を生み出す目的で編み出されたとしか考えられない専門用語によってしか科学を考えない科学者もいます。本書はそういった人々のために出版されたわけでもありません。万人に判るような説明をしたがらない科学者は、簡単な言葉で説明すると意を尽くせないから、との強迫観念にとらえられているのではないか、とすら感じられるのです。

本書は、犬の中に、真の自然から与えられた、変質させられていない固有の価値を見出そうという人たちのために書かれたのです。しかし、この価値とは、「犬を真面目に考える」人々によってしか見出されないものなのです。つまり、犬を商品、経済的要素として、単なる物体に過ぎないと考えている人には理解されない価値であり、先ほどローレンツの例を引いたように、犬と共に過ごすことに幸せを感じる人でなければ判らないものです。

私は本書でいろいろな要素をまぜこぜにして書いています。個人的体験、科学的基礎に基づいたデータ、そしていくつかの試論など……。おそらく、この試論を踏み台とした考察から、より建設的な批判をおこなうことが可能でしょう。これらの要素から出来上がった本書は、もちろん教科書と見なされては困ります。教科書ではないし、教科書になれるものではないのです。私に言わせれば、人間には失わせる権利のない、犬が受け継いでいる価値ある遺伝的形質についての考察こそが本書なのです。この意味からすれば、本書は議論の種にもなるでしょう。自己愛を満足させるためにのみ犬を利用している人々の耳には心地よくない沢山の真実が述べられているのです。

既に出版した本、あるいは講演などを通じ満足して下さった数千の方々が、私の考えを率直に表明するよう勇気づけてくれました。手紙、電話を下さったり、あるいは直接面談の機会を与えて下さった件数も千以上にのぼります。何かの研究に熱中すると、ややもすれば陥りがちな罠から私が救われたのもこの方々のお蔭です。研究をしていると抽象的な問題に埋没してしまい、眼鏡の縁の外側が見えなくなるものです。彼らは私を現実問題に引き戻し、こんにち犬との共同生活が生み出すさまざまな困難と問題について、深く考える機会を作ってくれたのでした。また、犬の繁殖の商業化により、私の想像以上に犬の状況が悪化していることを彼らを通じて知りました。私が象牙の塔の中で夢を見るのを防ぎ、私を満足させるだけではなく、私にとって不可欠な知識を与えてくれた、真実の、そして熱意あふれ、自分の責任を自覚している本当の犬の友人たちに感謝します。

同時に、金銭問題に頓着せず、時には犠牲も顧みず、犬の運命だけを考えている人たちがまだ数多く存在することを知り嬉しく思いました。私は彼らに対する義務を感じ、そういう理由から、本書をこのような形で完成させたのです。本書のせいで何人かの敵を作るかもしれませんが、根っからの楽天主義者の私は、敵の数以上に味方が増えると考えています。そして、本書が犬の運命を改善することができるなら――それこそが私の第一の目的なのですが――皆さんと共に真の喜びを味わえるのです。

この本に賛同して下さる人たちと共に、本書の出版に協力していただいた方々に簡単に謝意を表したいと思います。まず、私がほかの出版契約に優先して本書を刊行することを納得してくれたクラウス・ピーパー氏（もっとも、それでも完成が約束より遅れてしまったのですが……）、ハインツ・ブレージンク、ハンス・ドリンガー氏を始めとして、本書の編集、校正に当たってくださった方々、そして、私の代わりに本書の詳細な図版を作成してくださったフランツィ・フック氏に厚く御礼申し上げたいと思います。

エーベルハルト・トルムラー

犬の行動学

第一章　子犬から成犬へ

私たちが見ている成犬は、親から受け継いだ遺伝と、生後の環境の二つの要素から作り上げられたものです。この二つの要素のいずれが重要ということはできず、非常によい遺伝を持って生まれても、生後の環境がよくなければ、そのよさは失われてしまいますし、反対に、いくらよい環境で注意深く育てても、悪い遺伝を消し去ることはできません。

さて、年齢に応じて、どんな食物をやるとか、トイレのしつけをどうすべきか、作業犬にはどのような訓練をほどこすべきか、などについては沢山のよい本が既に出版されています。しかし、犬が精神的にどのように成長し、それが成犬の性格にどういう影響を与えるか、などということについては余り突っ込んだ研究がなされていないのです。

私は前著において、子犬の時期の成長具合が、犬の将来に重大な影響を及ぼすことについて説明してみました。その後、新しい発見もあるので、この本であらためて、重要な問題点を整理してみたいと考えます。

もちろん、私の述べることは、完成の域からはほど遠く、今後の研究が必要です。ただ確信を持って言えることは、「子犬の時期というものが、犬の将来、特に人間との関係において決定的な意味を持つ」という事実です。

犬という動物は、人間と同じく、生まれながらにして、すべてが確定した存在ではありません。犬は、周囲からものを学び、蓄積した経験に頼って生きる動物なのです。このために、好奇心と共に、学ぶことを喜ぶ性質を自然から与えられています。

したがって、我々飼い主は、この性質を発展させなければなりません。しかも、重要なことは、最も適した年齢においてそれをおこなうことなのです。発育盛りの子犬に充分な栄養を与えなければ、その子犬は兄弟より貧弱な成犬になってしまい、その時、慌てて栄養をつけても取り返しがつきません。学習に関しても、まったく同じことで、適当な時期に、それにふさわしい刺激を与える必要があるのです。

百万年にもおよぶ進化の過程において、家犬の先祖は、その種属が生き残るために非常に複雑な行動形態を発展させてきました。群れで狩猟をおこなう狼程度の大きさの動物の場合、遺伝によって与えられた行動形態では不充分なのです。環境は絶えず変化し、獲物は小さい鼠から大きい大鹿まで、非常に広範囲で、果物や昆虫までも食物としなければならぬこともあるでしょう。このように種類の豊富な食物に対応するという問題を、本能のみにより解決しようとすれば、食物別の行動形態が必要となり、極めて複雑な脳髄の機構を持っていなければなりません。それよりは、脳髄の一部に経験を蓄積し、それを利用するほうが理にかなっていたのです。

しかし、もし、個々の狼が、必要な経験を自分だけで蓄積しなければならないとするなら、その狼が生き延びる可能性は極めて低いでしょう。そこで、彼らは、人間と大変似通った方法を開発したのです。つまり、幼い狼は、両親のもとで職業訓練を受け、将来、自分が生き延び、家族を持てるように学習するわけです。まず、幼い時は、両親の保護を受けるため、服従を学びます。ついで、学習の喜びが目覚めるのですが、そのために、父親は大変楽しく遊んでやります。しかし、それればかりではありません。遊びを通じた学習と同時に、鉄の規律も叩きこまれるのです。というのは、群れで狩猟をする場合、個々の狼は自分の持ち場を守り、任務を果たさなければならないからです。これが成功しなければ、狩猟は失敗し、群れの存続は危機に瀕してしまうでしょう。これらのことを、狼は一年弱の期間に学ぶ必要があるのです。ということは、それにふさわしい、教育カリキュラムが備わっていることになります。

生まれた狼は、あらかじめ一定の素質を受けついでいるのですが、その素質が両親より磨きをかけられなければ、何の役にも立たなくなってしまうでしょう。

家犬も同じく、それぞれの素質を受けついでいます。しかし、ここに、狼の父親の代役として、飼い主が登場するのです。飼い主はもちろん、いたずら子犬をよい成犬にしようとある程度の努力はするでしょう。そして彼が、犬の学習する、という性質を正しく理解し、発展させてやれば、その目的はうまく達成できるのです。

しかし、それには子犬の成長過程を学ぶ必要があり、その知識は決して、これで充分だ、などといえる底の浅いものではありません。昔から、この点は見過ごされてきたように思います。

この章では、犬の誕生から成犬に至る成長過程を段階ごとに追ってみたいと考えています。ただ、ここで示した年齢は、おおよその目安と考えてください。二つの時期の区切りは必ずしも明確ではなく、ある時期から次の時期への移行はゆるやかなものです。ある時期に見られる行動のきざしが、その前の時期に観察されることもあることに注意しながら参考にしてください。

誕生

グリュブミュルの研究所に引っ越した直後、約三メートル程の廊下を、犬たちの分娩所に改造しました。できるだけ自然の状態におくため、廊下は無暖房で、奥の窓は半開きにしてあり、格子がはめられています。

以前に、私は、零下一五度から二〇度という厳しい環境で何回も分娩に立会ったことがあります。出産は、大体寒い季節におこなわれるものです。多くの場合、分娩は雌犬たちがあらかじめ掘った平らな隠れ家でおこなわれ、子犬たちは寒気を感じないようです。というのは、彼らの行動は、夏生まれの子犬たちとまったく変わらないからです。
長時間分娩を観察するなら温かい部屋で、とお考えになるかもしれませんが、暖房の効いた部屋に分娩所を設けるのは余計なことなのです。私がそうしなかったのは、自然状態では暖房などはないからです。非常に健康なディンゴにおいても、出産準備には緊張が伴うものです。雌犬たちが息を切らすのを見れば暑いに違いないので、暖房を入れれば、もっと暑がることでしょう。

分娩所には、おが屑の入った平らな箱と、犬より大きめの小屋があるだけで、出産状況を見守れるようにその小屋の奥の板は完全に開く仕組みとしておきました。

ディンゴは非常に清潔好きなので、排泄はいつも同じ場所でします。彼らは柔らかい地面を好むので、おが屑の意味をすぐ理解しました。しかし、一匹だけは別の考えを持ち、分娩小屋を拒否し、おが屑を掻き出してから、その箱の中で出産したのです。私が生まれた子犬を分娩小屋に入れてやると、一匹一匹子犬をくわえ、元の箱に移してしまうのでした。ただ、排泄はおが屑の中でおこないました。ディンゴという犬は、自分の考えに固執し、余り真面目に飼い主の意向を考えてくれないのです。

通常の場合、「自然犬」における出産と子育てのありさまは、極めて似通っています。最初は、我々が手助けしなければ、と考えるものですが、何度か経験を積むと、人間は役に立たぬことが判り、馬鹿なことをしなくなります。人間が助けてやる必要があるのは、純血種だけで、しかも獣医の補助が必要な場合が多いのです。これについては、人間にこそ責任があるので、後章でこの悲しい物語について述べる予定です。

さて、ここでは、金儲けなど、人間だけが抱くけしからぬ野心によって変質させられていない自然の犬たちにおいて、出産と育児がどのようにおこなわれるかをご説明しましょう。これらの犬が生き延び、種族の保存ができるのは、自然の与える知恵のおかげなのですから、私たちがものを判断するにあたっては、その知恵こそを基準とするべきでしょう。ここでは、ディンゴ、狼、ジャッカル、コヨーテなどの自然状態で生きる犬たちが我々に教えてくれることをお話しします。彼らのありさまを観察すると、人間が家犬にどんなに間違った扱いをしているかはっきり判るのです。

もっとも一つの点において、私は自然状態を守っていません。分娩小屋に雌しか入れていないのです。雄も大変重要な役割を果たすのですから、本来は雄も入れておくべきでしょう。

自然の状態においては、雌犬は自分と生まれたばかりの子犬たちにかかりっきりで、外敵の危険をかえりみる余裕がありません。雄は分娩場の近くで見張り、雌は雄を近づけません。近づけば唸り声を上げるのです。妊娠の第二期から、雌は夫を尻に敷き始めますから、雄は面白くなく苛々してきます。そして、出産が始まると、ところが、これがよいことで、これてもらえないので、緊張と苛立ちはつのるばかりです。ところが、これがよいことで、この緊張感によって、父犬としての防衛本能は最大限に発揮されるのです！

このような理由から、誕生のありさまをつぶさに観察しようとする時は雄も側に置いてやります。正常なディンゴは、普通、極限状態におちいるまでは、人を噛むことに強い抑制を持っているものですが、父犬としての苛立ちが抑制心を失わせる場合もありうるでしょう。

防衛責任は雄にあるので、自然は雌犬に「巣を守る」本能を与えていません。ですから、どの雌ディンゴの腹の下からも自由に子犬をとり出すことができ、雌犬は、私がなにをしようとしているかを見ているだけです。でも、長い間子犬を離しておくと、母犬は鼻を鳴らし、子犬を返してくれ、と言い始めます。しかし、母犬は絶対に攻撃的にはなりません。ここが、いわゆる純血種と異なるところなのです。後者の場合、飼い主が子犬を掴もうとすると、平気で噛みつく雌犬が多数見られます。

さて、分娩時には、どの動物も恐怖感を失うことが広く知られています。ですから、ふだんなら人間を見ると逃げだすような動物の出産のありさまを観察することは難しくはありません。ディンゴは人間を信頼しているので、見知らぬ人でさえ、かたわらにいることをむしろ喜ぶかのようです。人が立ち去ろうとすると、訴えるように鼻を鳴らしたりします。たとえば、五人がそこにいて、一人でも立ち去ろうものなら、不平を唱えるのです。このようなわけですから、分娩の最中に雌犬に触ることはもちろんなんでもありません。

私は、胎児が出てくる様子を撮影するため、助手に犬の後ろ足を持ち上げさせたことが何度もありました。雌犬は、それを邪魔とは思わないらしく、感謝するように、助手の手を嘗めたりしたものです。

一見すると、これらの行為は矛盾しているかのように見えます。分娩時と、以降四八時間程度は、雌が唸るので雄は近づけません。しかし、人間は何をやってもよいのです。おそらく、分娩に人間が立ち会うなどということを自然は予定していず、防御反応が生じないからでしょうか。雄が見張りをおこなっているので、外敵は近づけないはずです。したがって、人間が立ち会うことは、むしろ喜ばれるように仕組まれているのでしょう。

さて、別の問題は、出産がいつおこなわれるかです。ディンゴの場合の予定日は明白であり、交尾がいつであるかを知ればよいのです。通常の場合、それを見逃すことはありません。というのは、隣の小屋にいる他の犬どもは詮索好きで周囲の出来事を見張っており、交尾がおこなわれると、それを見ることのできない仲間に知らせるため、高ぶった声を出すからです。この声を聞きつけた六〇～八〇匹の犬たちがこの出来事を祝うために物凄い声を上げ、それは周囲数キロメートルにも響きわたるほどなのです。

この警報のお蔭で、私はカレンダーのその日からちょうど六〇日後のところに印をつけ、予定日を勘定することができるわけです。純血種の場合、妊娠期間は、六三～六五日の間で、時として更に延びる場合もあります。したがって、間違いなく分娩の一部始終を観察しようとすると、なかなか大変なのです。

私も最初のうちは、出産前の雌犬の行動を観察するため、何時間も雌ディンゴの傍らで過ごしましたが、最近は分娩の一〇分程前に現場に行くことにしています。その時まで、私が書斎に収まり返っていると、雌犬が時間の到来を教えてくれるのです。これは、別に訓練の結果ではなく、分娩のちょっと前に、雌犬は床を激しく引っかき、大きな音を立てるので、隣室にいる私がその音を聞きのがすことはないからです。ふつう出産の二四時間程前から、床を引っかき始めるものですが、それがだんだん頻繁になり、直前には明らかにそれまでと違った動作になるのです。これは、分娩場所を作ろうとしているためで、自然状態では巣の内側に穴が掘られます。

分娩小屋の場合、雌犬たちは塵一つ残らないよう実に丹念に床を清潔でスベスベした状態にし、出産時の排泄物、つまり、血液などを嘗めやすくしておきます。ですから、これらの事前作業には明確な目的があるのです。

しかし、出産直前の作業は理性的なものではなく、何かに憑かれたようで、雌犬の眼差しはうつろです。耳は脇に斜めに突き出され、唇の両端が後ろに引かれる顔つきには独特のものがあります。

ディンゴが、四～六匹の子犬を出産するには、おおよそ二時間が必要ですが、純血種の場合はもっと時間がかかるか、はるかに短いこともあり、そのどちらも正常なことではないと私は考えます。ディンゴの場合、各々の子犬が生まれる間隔は大体二〇～二五分で、その間、母犬は羊膜をはがし、臍の緒を切り、胎盤を食べ終えます。胎児の出生およびそれに引き続くこれらのことは、一瞬のうちにおこなわれるので、観察するのがむずかしいくらいです。私のディンゴの場合、胎児が産道出口に現れ、産み落とされるまでに、五～七秒かかり、二秒余分にかかることは稀です。ついで、少量の血と羊水を母犬が嘗めて乾かすのですが、これに少し時間がかかります。健康な子犬はこの時すでに乳が吸いたくて、母親の舌から逃れようと暴れるからです。しかし、これが重要なことなのです。暴れない子犬がいると、母犬は首をくわえ、振り殺してしまいます。もし、時間があれば、死骸は土中に埋められるでしょう。すべてにおいて充分な配慮をする母犬から見れば、健康で元気な子犬のみに生存の権利が認められているということなのです。

いずれにせよ、この作業を終えた母犬は、一〇～一五分休息し、次の出産の苦痛に備えます。したがって、出産の終了までに二時間を要するのは至極当然と言えるでしょう。また、いくら雄犬が見張りをしているとはいえ、出産時の雌犬は外敵の餌食になりやすく、その点にも自然の配慮が行き届き、時間が余り長くならないようにしてあるのでしょう。あるドイツ・シェパードが一五分に八匹の子犬を産んだ話を聞きましたが、この雌犬の健康状態に問題があったとしか思えません。そんなに短い時間で、どうやって大量の液体を嘗めて乾かすことができるでしょうか。それに比べたら、コルネリス・ナークトゲボレンが多数の分娩において観察した、平均四、五〇分の出産間隔のほうがまだ好ましいと思われます。分娩時間が六～七時間に及ぶことは、生物学的に見て、退化現象ではありますが、それに雌犬が耐える体力を持っているという点では弁護の余地があるでしょう。

前足で地面を掘る動作は知的活動の一種であるが、種々の目的に役立つ。餌を隠す、鼠穴を広げる、休息場所を清掃する、分娩穴を掘るなど。作業の最中には、常時鼻と目で出来具合が確認されている。この知的作業と、分娩の直前の憑かれたような動作とを比較するとよい。

植物状態——新生児期（一〜二週）

さて、生まれたばかりの子犬を観察しましょう。母犬から産み落とされると、その生命は小さな叫び声で始まります。小さな口を一杯に開け、舌を出し、最初の一声を上げると空気が吸い込まれ、気管から粘液の滓が吐き出されるのです。身体を執拗に清掃する母犬の舌から解放されると、子犬は胴体を地面につけて這い、まっしぐらに母犬の腹に取りつき、多少の時間はかかるにせよ乳房を探し当てます。乳を吸う音は必ず聞こえてくるものです。

生まれたばかりの子犬の瞼は閉じており、耳も聞こえません。いろいろな実験の結果からすると、嗅覚も発達していないようです。では、どうして子犬は乳首を見つけられるのでしょうか。

この質問に答え、この後の子犬の発育を理解するためには、行動生理学についての若干の知識が必要になります。もしあなたの子犬がよい犬になることを望んでいるなら、この知識には重要な意味があります。よく本能という言葉が使用され、これですべてが明らかになると思いがちですが、実際はそれほど簡単なことではないのです。動物比較行動学の分野では、相当以前から、いろいろな意味を持つこの本能という言葉の代わりに「遺伝的相互作用」という概念を用いています。この概念を用いて、複雑で理解のむずかしい本能的行動をいくつかの「遺伝的相互作用」に分解することができるのです。「遺伝的相互作用」とは、周囲の特殊状況がきっかけとなって活動を開始する動力源ともいうべき概念です。そして、このきっかけとなるものを「鍵となる刺激」と呼び、それが錠前を開け、「遺伝的相互作用」が開放されることになります。特定の神経中枢には捌け口を求めるエネルギーが溜まっており、「遺伝的相互作用」が動きだすのはこのエネルギーによるのです。一方、別の中枢がこのエネルギーを抑制する働きをしているのですが、「鍵となる刺激」が与えられるとこの抑制は取り除かれてしまうのです。エネルギーが溜まると強い緊張状態を作り出し、ついには「鍵となる刺激」が与えられなくても放出されるようになります。こうなると、正常な動物なら反応を示さないような極く微量の「鍵となる刺激」にも反応が起きるようになってしまうのです。つまり、刺激の敷居が低くなるわけです。これがひどくなると、「鍵となる刺激」が存在しなくともエネルギーは発散され、その結果として「遺伝的相互作用」が何ら意味のない形で発現します。この状態を「虚空反応」と呼びます。実際例で説明してみましょう。

円錐形をして毛のない乳首は、子犬にとって「鍵となる刺激」です。それにふれると「遺伝的相互作用」が発動し、この場合においては乳首を口に含む動作が現れ、これこそが生まれたばかりの子犬にとっては適切な行動なのです。ついで、この口に含む動作が次の「鍵となる刺激」になり、犬においては大変典型的な、舌で乳首を揉みながら乳を吸うという行為を発動させせます。

もし、この状態にある子犬を母から離ししばらく待つと、「虚空反応」が見られ、子犬は乳首を捕まえたがっているように口を開け、口を動かし乳を吸っている動作を見せます。エネルギーが溜まり過ぎたので、通常の抑制が取り払われてしまったのです。こうなってくると、刺激の敷居が低くなったため、以前には見向きもしなかったものも吸うようになってしまいます。授乳を受けている最中の子犬を取り上げ、指を差し出しても吸おうとしませんが、睡眠から目覚めた時は指に吸いついてくるのが一例です。

生まれたばかりの子犬は遺伝的ないくつかの行動形式を持っているだけです。もちろん、彼らの声というものも考慮に入れる必要があり、子犬たちは何かが欠乏したり、不愉快なことがあるとすぐ声を出します。これが母犬に対する「鍵となる刺激」の役割を果たし、母犬はすぐその子犬の面倒を見るのです。要約すると、ある特定のことだけが子犬を鳴きやますことができます。母犬の温かい身体に寄り掛かるか、兄弟と一緒になればすぐ鳴きやむのです。乳首から離れると鳴き、それを再び見つければ鳴きやむ。時々、母犬は乳首から離れた子犬を鼻で押して元の場所に戻してやります。この不満を訴える声は、子犬が何かの理由で巣から離れてしまうと重要な意味を持ちます。母親はすぐに子犬のところまで行き、慎重な態度で子犬をくわえ、巣に戻すのです。しかし、多数の純血種の雌犬はこの反応を示さなくなってしまいました。

このような状況になると雌ディンゴは、時によって大袈裟に不安な様子を見せます。子犬を巣の外に置いてみると、そのような雌犬は歯でくわえず、鼻で押して巣に戻そうとしますが、こうなると子犬は絶望的な声を張り上げるのです。また、頭であれ、足、胴体であれ、どこかをくわえ、乱暴に引っ張ったりして巣に戻す雌犬もいます。

子犬が一〇メートルほど巣から離れても母犬が無関心で、ついに子犬は犬小屋の下で寝た、という話を読んだことがありますが、私は、何か理由があって母犬がそこに子犬を置いたのだろうと考えています。というのは、目の見えぬ子犬は真っ直ぐではなく、必ず円を描いて這うからです。この「円を描いて這う」動作は遺伝的行動形式で、こうしていれば巣からひどく離れてしまうことはありません。野生の状態において、母犬は地面にくぼみを掘って出産することが多いので、子犬が「円を描いて」移動する限り、そのくぼみから外に出て迷子になる危険は少なくなるというわけです！

先ほど、子犬は温もりと寄り掛かるものを求めると述べました。これを探そうとする時、特殊な頭の動作が役に立つのです。これも遺伝的行動ですが、頭は左右に揺れ動き子犬を助けるのです。周囲を知覚する主要な器官は鼻面の先端付近についているので、この頭を振る動作により周囲を万遍なく確認できるわけです。

誕生して間もない子犬たちが比較的大きい頭を支えられるのは、驚くべきことです。さて、子犬は母犬の腹に辿りつき乳首のありかを探さなければなりません。このために毛の中で鼻を上のほうに持ち上げる動作をし、同時に息を吹き込み、乳首が見つかるまで毛をかきわけるのです。授乳の最中には別の二つの動作も見られます。一つは後ろ足を地面に踏ん張り、乳首を放すまいとするものであり、もう一つは乳腺の方向に頭を強く動かす動作です。後者は子牛が乳房を押す行為と同じく、乳の出をよくするためのもので、同時に巧みに前足を使用します。

以上が、生まれたばかりの子犬がすることのできるすべてです。大したことではありませんが、最初の二週間にはこれで充分なのです。この時期の子犬にとっては体重を増加させることが重要課題で、二週間で体重は三倍にもなります。食って寝る、これが存在のすべてであり、そのために必要な道具は全部与えられているわけです。

犬の繁殖を行っている人は、新生児期の子犬をよく見て、最初の動作を充分に観察すべきです。もし、ある子犬の動作が兄弟姉妹と比べて弱々しく、遅く、且つ活動的でないならば、その犬の神経系統、つまるところ全体の状態が完全ではないということです。私のいうところの「活力」が弱いので、なんとか成長したとしても決して健康な犬には育ちません。健全な成犬が保持すべきすべてのものは、子犬が持って生まれたものから成り立っていることを忘れてはならないのです。

子犬に見られる数少ない行動様式を支配する部位は、脊髄と中脳に存在することが判っています。この中脳は脳の中で最も原始的な部分で、それらを統括する働きのある大脳の根元にあります。もっとも生誕時には大脳はほとんど活動してはいませんが……。ところで、前述の子犬のように、生まれつきこの中脳が脆弱であれば、大脳が活動しはじめたとしてもよい結果をもたらすとは考えにくいことになります。

さて、目の前に、生きるために充分な備えのある、生まれたばかりの健康な子犬たちがいるとしましょう。我々は犬というものが社会的な動物であることを知っているのですが、この特徴は彼らの行動にかいま見られるのでしょうか？　答えは簡単明瞭に「いいえ」です。

五、六匹の子犬がくっつき合って寝ている様は、何らかの社会性を連想させるでしょう。一匹を取り上げると、子犬は兄弟のところに戻りたがって絶望的な悲鳴を上げます。ところが、温めた布とか、ゴムの湯たんぽを当ててやれば彼は満足してしまうのです。結局、彼が求めているのは兄弟ではなく、自分の安全なのです。子犬は安全に対する機械的反射作用を与えられたエゴイストそのものの存在にすぎません。自然の状態においては、心地よく、暖かい場所は巣なのであり、もし一匹になってしまえば、そこには危険が発生するのです。子犬において「くっつき合って寝る」というのはこういうことなのです。

しかし、この段階で、すでに学習能力も備わっています。雌犬に一匹の子犬しか与えないと、雌犬が巣から離れても、独りぼっちの子犬は鳴いたりしません。孤独に耐えなければならないことを学ぶのです。一匹の子犬を兄弟から三〇センチ離れた所に置いた時の騒ぎといったら、今述べたことが本当とは思えないほどです。ところが、ひとりっ子の子犬というのは、「くっつき合って寝る」必要性がまったくないかのように静かにしているものなのです。

もし、この「くっつき合って寝る」ことが、社会的でありたいという欲求の現れであるなら、ひとりっ子はなんらかの心理的欠陥を持つようになるはずでしょう。しかし、事実はそうではありません。一例を挙げるなら、私の明るい毛並みをした雌ディンゴ、アルタは、このようなひとりっ子でした。彼女は今四歳になりますが、ほかの犬と同じように、周囲に対して愛想がよく、まったく正常です。しかし、生後三週目から同じ年齢のほかの子犬たちと接触する機会が充分あり、これが正常な発育に決定的であったことも付け加えておきましょう。

この時期の子犬は社会的傾向を持つどころか、自分の生命の中心である乳房以外の周囲にはまったく関心がないものです。この時期を表すために「植物状態」とはよく言ったものです。それは、母犬の胸に抱かれ、成長と体重の増加に専心する無意識の時代なのです。この小さな腹減り餓鬼の大小の排泄物の世話は、すべて母犬が引き受けます。まず、分娩後の母犬は緩下剤の作用を持つ初乳を分泌し、その効果で子犬の消化器に残っている胎便（胎内にいた時の残滓）が排泄されます。この便を含め、以降の排泄物は母犬が丁寧に嘗め取りますし、排便を促すために母犬が子犬の横腹を嘗めてやる光景にもよく出会うものです。排尿も同じく、舌の刺激で引き起こされます。乳児の舌は大変強力でよく動きますが、口のまわりに付いた乳を拭き取ることまではできません。したがって、これもまた、きわめて献身的な母犬の役割なのです。最初の二四時間、母犬は一生懸命に子犬の世話をするので、普通、巣から離れることはありません。そこで、経験に富んだよい雄は餌を運んできてやり、あわせて、将来性豊かな跡継ぎたちに面会する機会を許されるわけです。この時から、父犬も母犬に劣らず巧みに子犬たちの世話をするようになるのです。

さて、よく子犬が雌犬に押しつぶされるという話を聞きます。私は六〇回余の出産を観察しましたが、そういう経験はありません。高名な犬研究家、エミール・ハウクは、それはおそらく、死産の子犬を圧死したと誤解したのだろう、としていますが、私も彼と同意見です。死んでいる子犬の上に母犬が寝そべることはありうるでしょう。その子犬は声を上げないのですから！

ミュンヘンの高名なグレート・デンの飼育家、アネリーゼ・マイヤー女史によれば、小回りの効く中型犬と異なり、超大型犬は、子犬たちのかたわらにちょうどよい具合に横になるのが下手とのことです。中型犬の場合、ゆっくりと身体を地面に滑らせるように横たわるので、不注意で子犬を下に敷いてしまっても、すぐ気がつくので殺してしまうとは限りません。ところがグレート・デンは自分の体重を自由に制御できず、ドサッと横になってしまうので、子犬を圧死させることもありうるとの意見でした。

移行期（三週）

大体の場合、瞼と外耳が開くのは一三日目ですが、一七～一八日目にならないと視覚は活動を開始せず、それも不完全で、視覚、聴覚、嗅覚が完全な状態となるにはなお数日が必要です。いずれにせよ一八日目頃から、子犬が鼻で兄弟の存在を確かめ、接触し始めるありさまが観察できるようになります。一七日目前後に、子犬たちが相互に嘗め合ったり、相手の耳、鼻、足などを口にくわえる動作が見られることもあるでしょう。

この時期をほかの段階と区別するのには意味があります。この比較的早く過ぎ去る時期は、「乳を吸い眠る」というまったく自己中心的な生活から、身近な環境を意識する段階への移行期なのです。成犬の社会的行動のきざしとも見られる、兄弟に対する接触が最初におこなわれるのもこの時です。

もちろん、社会的行動の様式そのものはそんなに発達してはいません。短い留守の後で母犬が巣に戻ると、まだ短い尻尾を不器用に振って、興奮した様子が示されるだけのことです。しかし、この時期になると、子犬たちは母犬に向かって頭を上げ、口に届こうと努力し始めます。そしてその行為には深い意味があるのです。実際、この重要な一八日目頃から、大体は父犬と協力して、母親は子犬たちに補助食を与えるようになります。母犬は半分消化された柔らかい餌を、口から戻して与えるのです。この様子を観察すると、犬が幼い時からよく学習できる生き物だ、と納得がゆきます。このようなやり方で一度でも追加の食事を貰うと、彼らは両親の口が貴重な食物の出てくる場所だ、と直ちに学んでしまうのです。この時から、子犬たちは両親の口に大きな関心を抱き、その口角に自分の鼻を突っ込むと、しばしば口が大きく開き、熱望していた食物が得られることを理解するようになります。

三歳のグレート・デンの移動時の動作。この犬種の力強く、優美なさまが見られる。しかし、この大きな体格と力の故に、母犬が分娩所に横たわると致命的な事故が発生することがある。

明らかに、子犬の小さな鼻面は両親に対して「鍵となる刺激」の役割を果たしています。子犬自身の唇も大変敏感なもので、指先でちょっとくすぐってやると、口を大きく開けたりします。

この最初の重要な経験が、犬の一生にわたる行動様式を植えつけることになるのです。巣に戻ってきた大人の犬におねだりをする習慣が「お互いの挨拶」に変わり、それは犬同士のみならず人間に対しても示されます。我々の顔つきは犬のそれとまったく異なっているのですが、犬には何処が口であるかははっきり判り、我々が帰宅すると、唇の端を鼻面でつつき、愛情を表現してくれます。ただ、人間は背が高いので、犬は飛びつかざるをえないわけです。

私がここで述べたように、唇の端に子犬たちが引きつけられるという犬固有の行為にこそ、学習の可能性のきざしが見られるのです。現在、家犬の親たちの大多数においては、この食物を吐きだしてやるという本能的な行動が消えうせてしまっていますが、子犬たちのほうには餌をねだる行為がいまだに残っているのです。

生まれながらの知識、つまり「遺伝的相互作用」には、経験との関連はまったくありません。また、誕生直後には役に立たない「遺伝的相互作用」はすぐには現れず、それが役立つ時点まで熟成し続けられます。そして「遺伝的相互作用」――この場合は餌をねだる行為――は、親の口から「食物が吐き出される」という「鍵となる刺激」が与えられて初めて発現するのです。したがって、これは、一見、学習であるかのように受けとられてしまいます。もちろん、これに経験が加われば、その行為は更に確実におこなわれるのでしょう。ただ、犬に関する限り、この件については慎重な観察が必要なのです。私は、経験を蓄積するために、犬という動物がどのように作られているかを既に説明しました。ある動物が、経験を重視するように作られていれば、その分、生まれながらの知識の重要性は減少します。たとえば、魚、鳥などの下等動物においては、生まれながらの知識が「種」の存続の鍵を握っているのです。生後に学習される追加知識は「遺伝的相互作用」に不足がある場合にそれを補うだけのものです。これとは異なり、犬は学習するために作られており、生まれながらの知識はもっぱら学習が充分なされるのを助け、生き延びるための補完作用をするにすぎません。したがって、場合によっては、犬は経験によって得た知識（「取得された相互作用」と呼ぶ）を生まれながら持っている衝動に優先させ、後者を抑制することとさえできるのです。

さて、二〇日目頃まで、子犬たちは巣から離れず、そこは非常に安全な場所なので、まだ恐怖に対する反応を示しません。子犬がかたまっている中に指を入れてご覧なさい。新しい物を確かめようとして、彼らは指の臭いを嗅ぎ、嘗め、口にくわえたりします。巣は彼らにとって全世界であり、そこにある物すべてがその安全な世界に組み込まれてしまうのです。

ところが、この状態は二一日目から自然に変化してきます。子犬たちに突然、母犬について歩く衝動が芽生え、初めて巣の外に出るようになるのです。

この時見られる現象は犬科の動物特有のものです。雌犬は自分についてくる子犬には、もはや関心を示さなくなり、逆に、雄犬は気もそぞろになってしまいます。彼は最大の喜びを表しながら子犬たちの回りを飛び歩き、彼らと遊ぼうとします。ところが、それが子犬に対してまったくもって思いやりのない方法なのです。鼻面で子犬を突き飛ばし、足でひっくりかえし、ひどい時は歯でくわえて数メートルも向こうに放りなげたりします。この光景を初めて見ると、雄犬は子犬を殺そうとしているとさえ思うほどです。

しかし、子犬たちは身の処し方をよく心得ており、大声で鳴きながら背中を下にしてひっくりかえるのです。すると、その瞬間、雄犬は背を向けてしまいます。この子犬の行為が有名な「服従の姿勢」と呼ばれるもので、正常な犬同士の間では、確実に相手の攻撃性を抑制するのです。腹と喉を見せる行為は親の介抱も促し、親は横腹や会陰部を嘗めてやったりします。

我々の犬もこのような恰好をして服従の念を表し、同時にそれを善意で受け入れるあかしとして、飼い主に腹を撫でたり、ひっかいたりしてもらいたがるのです。

よく見ることなのですが、犬たちは、はばかることなくこのやり口を利用します。階級の上の雌犬が、下位の雌犬に背中を地面につけて引っくり返る姿勢を二時間以上も続けさせるのを見たこともありました。初めは喧嘩だったのですが、下位の雌犬はすぐ引っくり返り服従の姿勢を取ったのです。上位の雌犬は満足して立ち去りましたが、ずっと目を離しません。下位の雌犬が、そろそろ一件落着と足を地面に着けると同時に上位の雌犬は意地悪く唸り飛びかかる。哀れな雌犬は再び仰向けになる。この光景はその間隔がだんだん長くなりつつも数時間も続きました。最後には、上位者が怖い目つきで睨むだけで充分だったのです。下位者がおとなしくひっくりかえり、尻尾を股の間に入れて顔を真っ直ぐ空に向けている恰好は滑稽そのものです。しばらくしてから、この犬はゆっくり頭を動かし、相手の様子を窺い、上位者が反応を示さないと尻尾をのばし、まず後足、ついで前足を動かし始めます。でも、もし、相手が厳しい目つきをすると諦めて元の姿勢に戻るのです。時々、犬舎の女王（彼女は下位雌犬の母親でした）は仰向けになっている犬の近くに、面倒臭そうな様子で行きその服従のありさまを確認する……。

以上に述べた光景は、犬における、生来そなわった能力と経験の見事な結びつきと、状況全体を把握する聡明さを示すものでしょう。各々の場合を注意深く観察しないでも、犬の世界においては、各世代を通じて、しつけがおこなわれていることが判るのです。

さて、初めて巣を離れ、遊戯の余りの恐ろしさに仰向けにひっくりかえる子犬の行為は、知能によってなされたものではありません。というのは、子犬はまだ経験を積んでいないからです。子犬は衝動で動いているに過ぎません。でも、もう少し後になって、自分より強力な相手に攻撃されれば、それまでの経験が、生まれながらの反応を助けることになるのです。

先ほどの続きを見てみましょう。悲鳴を上げてひっくりかえった子犬から離れた雄犬は次の子犬に向かいます。最初の子犬は短い足でヨチヨチ歩きながら、可能な限りの速さで懐かしい巣に戻り隠れます。暫くするとすべての子犬は共通の重要な経験を身に付けて巣の中で一緒になるわけです。巣の外では嫌な事が起きる……中は安心だ……！

なぜなら、子犬にこのような体験を積ませた雄犬は、彼らを巣の中まで追いかけはしないからです。子犬全員が巣に帰ってしまうと、雄犬の一見あふれんばかりの遊戯に対する情熱は無くなってしまいます。これを見ると、この行為が非常に大きな教育の目的でなされているといわざるをえないのです。子犬たちの一生におけるこの行為の持つ決定的な意義については、後章でもいくつかの説明を加える心算です。

さて、子犬たちは父親のすさまじい優位を徹底的に、しかも衝撃的なやり方で学ぶということに注意しましょう。また、この瞬間から、子犬たちは、巣が全世界だとは思わなくなり、彼らは直感的に、知っているものとそうでないものがあることを学ぶのです。二一日目以降、巣の中に手を入れてみると、怖そうに身を引き、場合によっては脅かすように唸ったりします。小さな子犬のそれまでの盲目的信頼は、未知のものに対する不信に変貌してしまったのです。

刷り込み時期（四～七週）

この時期になると、子犬の五感は発達し、気がついた物を、鼻、耳、目で確かめ、それがなんであるかをつきとめることが段々できるようになります。彼らは緊張した面持ちで周囲の動静を観察し始めます。この数週の間に運動神経は非常な発達を遂げ、遊びを通じて、速さ、柔軟さ、確実性を身に付けてゆきます。七週目の終わりになっても、大型で鈍重な純血種は、同じ年齢の小型犬、あるいは非常に早熟なディンゴ、ジャッカルと比べ、まだぎごちない動きを見せます。また、睡眠時間は短縮され、運動の要求が強まるにつれ、身体も大きくなってくるのです。

歯列の発達にともない、子犬たちは両親の食物に深い関心を示し、彼らからそれを奪う権利すら持つようになります。雄でさえも、子犬が自分の口から食物を引っ張り出すのを平気で受け入れるのです。最初はもちろん、肉を噛むだけですが、まもなく小さな肉片に切り裂き、飲み込むことを覚え、くるみ程度の大きさの肉片であれば平気で貪り食ってしまいます。もし、欲張り過ぎて大きなかけらを飲み込んでしまった場合は静かな隅のほうへ引き下がり、一度吐き出し、改めて食べなおすのです。

もちろん、通常の場合子犬たちは、この時期の終わりまではまだ授乳期にあります。なお、家畜化を追求した結果、通常よりも数週間も長く乳を出し続ける「乳犬」というべきものまで出現しています。

さて、最初のうち、母犬は巣の内部で授乳しますが、子犬が外出するようになると、巣の外で、寝そべってではなく座って乳をやったり、最後には立ったままで授乳したりします。しかし、子犬たちの飽くことのない騒々しさに辟易すると同時に、尖った歯が乳首に対する拷問の道具になってくると、母犬は子犬たちを避けるようになります。子犬が近寄れない場所が見つからないと母犬は唸って彼らを追い払います。

この時期になると、両前足で乳首の回りを押さえるという子犬の動作は徐々に消滅し始めます。母犬が立ったままで授乳する場合、子犬は片方の前足で体重を支えなければならず、残りの一本の前足でしか乳首を触ることができません。私は前著において、乳首の回りを押さえる動作はやがて、片前足を出して仲間をなだめる動作に変貌すると説明しました。

いずれにせよ、この段階で、子犬たちのいろいろな社会的行動が観察され始めます。嬉しさのあまり興奮したり、懐かしがって尻尾を振る、尻尾を股に挟み、恐怖や不安を表明する、また、既に述べたように、友好と愛情の印として口角を嘗める、などです。子犬たちは食物のかけらの取り合いを真剣になって始め、毛を逆立て、耳を寝かせ、口角を後ろに引き歯をむき出し唸ったりします。

いまだに母犬、巣に対する結びつきは非常に強いのですが、子犬たちは以前より巣から遠く離れようとし、その傾向は両親について行ける場合は特に強まります。しかし、両親が最初は三〇メートル、少したって五〇メートルも巣から離れると、子犬は迷う様子を見せ、結局、巣に戻るほうを選びます。

この段階では好奇心と学習したいという衝動が何よりも大きな特徴となります。すべてのものが探索の対象となり、触れるものを手当たり次第噛んでみるようになるのです。これは、人間の子供があらゆる物を口に入れたがるのと同じ現象です。

さて、今こそ学習するための準備が完了し、食物の摂取、社会的行動の領域で迅速な成果が現れてきます。我々は、この時期のこれらの社会的行動こそを注意深く観察すべきなのです。一般論として、それぞれの社会的行動は独特なものであり、あることはある決まった時期に学ぶプログラムが、自然によって作られているのです。言い換えれば、あることは、それに適した時期に学ばれなければいけないのです。私の観察したところによれば、ある子犬がこのように定められた一定の時期に学ぶべきことを学習できないと、それに関する行動に異常が現れる可能性が極めて高く、最悪の場合は、学習能力の一部が完全に麻痺してしまいます。更に、犬と人間の将来の関係の点から考えると、この学習能力は大いに磨きをかけられなければならないのです。

この数週間の間に、子犬は、あらかじめ自然から与えられたいろいろな学習能力を、それに適した厳密な時期に最大限に発揮し、それが犬の一生の経験を決定づけてしまうのです。つまり、この時期に学ばれなかったことは一生取り返しがつかなくなります（傍線・訳者）。

このように、ある厳密な時期にある決まったことを学習する現象を我々は「刷り込み（imprinting〈英〉）」と呼んでいます。犬と人間の将来の関係はこの刷り込みにかかっているのであり、このことについては現在までに相当正確な分析がなされています。

もしこの時期に毎日充分手で子犬に触れてやれば、彼らは人間との接触を大変好む犬になります。逆に、その機会を少ししか与えないと、人間にあまりなつかない犬になってしまうのです。万一、この時期に人の臭いを嗅ぐ機会をまったく与えないと、仮に、七、八週間目以降にいかに努力してもまったく人間と接触を持てない犬になります。我々のできることといえば、犬を若干扱いやすくする程度のことでしかなく、もし、我々がこのような犬に対してちょっとでも取扱いを誤ると、犬は「恐怖による嚙咬」癖を持ってしまうのです（傍線・訳者）。

この点についてはいろいろな経験があります。まず、子犬が毎日人を見る、あるいは、子犬が人手から直接餌を貰う、ということでは不充分なのです。子犬が直接人から触れられる必要があり、嗅覚が重要な役割を果たします。もし、子犬が一人の人間しか知らないと、成長してからほかの人の前で落ちつかず慣れないのです。逆に、大勢から愛撫を受けた子犬は将来人々のいる所で元気一杯ふるまうし、喜んでそれらの人たちと付き合うことが判っています。

犬は経験をまったく持たぬままこの世に産み落とされ、五感の発達しない一八日目までは犬というものを認識できないのですから、ある時期に、しかも決定的な方法で、犬とはどういうものか、を植えつける作用が必要なことになります。したがって、この刷り込み時期に、人間が頻繁に現れ、子犬が自分の両親、兄弟に対するのと同様にその臭いを嗅げれば、人間も子犬と同じ「種」の仲間として子犬に刷り込まれるのです（傍線・訳者）。

犬の行動学上の体験として、フォックスはこの刷り込み現象がいかに厳密なものであるかを述べています。彼はチワワの子犬数匹を子猫に混ぜ、雌猫に養わせました。子犬たちは当初、猫によって刷り込みを受けてしまったので、しばらくして正常な環境で育てられた子犬たちと出会ってもどうしてよいか判らなかったそうです。

もちろん、このように誤った刷り込みを受けた犬も、時間がたてばほかの犬が自分と同じく犬であると判るでしょう。犬は嗅覚が非常に発達していますから、自分の臭いとほかの犬の臭いの共通点を見出せるので、この場合、刷り込みの役割は決定的ではないと考えられます。こうした臭いは彼にとって、異質でも、危険でも、不快なものでもないので、犬は障害を乗り越えることができるのです。

今まで私が観察したところによると、刷り込みは食物の選択にも大きな役割を果たします。この時期に生肉を貰わなかった犬は成長してからそれに慣れるのが非常に困難となるのです。もちろん、いずれは馴染むでしょうが……。経験ある親犬は犬に消化できるものしか受け付けないように子犬たちを仕向けます。したがって、両親から与えられた食物の刷り込みを受けた子犬は、たとえば毒茸を食べる危険を冒さず、既に味わったことのあるもの、すなわち、刷り込まれたもののみを食べるようになる、というわけです。

この一定の時期において、いろいろな学習項目を数えあげることが可能ですし、それらを正確に知ることが子犬のしつけに大きな意味を持つはずです。もしこの可能性を過大評価しないとしても、飼い主が「犬というもの」、つまり犬の生まれながらの性質と呼んでいるものの相当多くの部分が、この時期に影響を受け、その環境により変化することが大いにありうるのです。

この意味から、完全な野生状態における犬の群れの形を残した環境の中で子犬がいかに成長するか、とりわけ、それに果たす父親の役割を観察することが極めて有用であると私は考えているのです。子犬たちが六〜七カ月齢になると、彼らは両親にとって、群れの中の頼り甲斐のある同僚となることを忘れてはなりません。

私の犬舎では、この刷り込み時期を通じて、両親が子犬に対し極めて寛大で大きな自由を与えていることが観察されます。父犬は辛抱強く子犬と遊んでやります。当初相当乱暴な態度を見せるのには、子犬の耐久性を試す意味もあるのかもしれません。しかし、この行為の本来の意味は、子犬が将来本当に傷つけられてしまうようなことが起こる前に、

「なだめの儀式」を早いうちから学ばせておくことにあるのでしょう。

実際、子犬はこの儀式を非常に早く身に付け、驚くべき賢さをもって実際に試すのです。次のような大変面白い光景を見ることもできます。休んでいる父親の前に近づいた一匹の子犬が、前足を出すと同時に恐怖の叫び声を上げる（これらの行為は攻撃の抑制をするためのものです）。ついで、電光の如き早業で父親の鼻を噛み、走って逃げる……まさに、笑いながら、と付け加えたいところです。

このやり口を大人の犬から餌を盗む時にも用います。成犬が驚いた顔をして子犬の挙動を眺めると、子犬は肉片を奪い取り、大急ぎで逃亡するのです。もちろん、これも社会的行動の内の一面です。

このような、あるいはこれと似た行為を通じ、子犬は父犬に対し非常に強い信頼の念を持つようになりますし、父犬は徐々に子犬たちをしつけ始めるのです。この現象は、刷り込み時期の最後の頃から見受けられるようになります。父親は子犬たちが余りうるさいと唸り、追い払います。もし犬舎に、以前に同じ両親から生まれた年長の兄、姉犬などがいると、もっと面白い光景が見られます。兄、姉犬はこの時期の恰好の遊び相手なのですが、遊びの度が過ぎて余りに激しくなると父犬が介入してその場で悪者を懲らしめます。そして同じやり方で父犬は、子犬たちの食事が終わるまで、ほかの犬が食物に近づかぬように見張っているのです。なお、この時期はまだ授乳中の母犬には優先権が与えられていることも付け加えておきましょう。

　この時期についての解説を終える前に、父、子犬の関係がどのように確立するのかをよく示す例を二つ挙げましょう。

　私は血族交配の結果、突然変異で生まれた毛色の明るい雌ディンゴ、アルタを、これまた明るい毛色の一歳年下の弟犬アルテュスとめあわせました。分娩の直前にアルタを分娩所に入れ、そこで彼女は遺伝の法則に従って、銀色の毛並みのディンゴ、すなわち明るい色の子犬を六匹産み落としました。私はそのうちの五匹を残しておき、彼らを七二日目に母犬と共に雄犬の犬舎に移しました。

　結果は驚くべきものでした。アルテュスは直ちに一匹の子犬を嚙み殺しましたが、ついでアルタに頑強に抵抗され、ほかの子犬を攻撃することはできませんでした。しかし、とうとうほかの一匹も酷く傷つけたので、最終的に私はその子犬を安楽死させざるをえませんでした。結局、私は子犬たちを犬舎から出さなければならなかったのです。

　次回の分娩は雄犬の犬舎でおこなわれ、今回、アルテュスは正常な父犬としてふるまいました。父親なしで育てられた子犬たちの行動には明らかに何らかの欠陥があり、それが父犬の突然の攻撃を引き起こしたのでしょう。この殺された子犬に関し、二つ付け加えることがあります。まず、一〇週間の間、子犬たちは沢山の人手に触れられ、自分を取り巻く環境に対する不信の念は一切抱かずに過ごしました。第二に、この環境に、グレート・

デンの雌サンドラ、ドイツ・シェパードの雌ラナという、とりわけ優しい犬たちを参加させてありました。ということは、子犬たちはほとんど例の「なだめの儀式」を実施する機会がなかったことになるのです。

第二の例を挙げてみましょう。以前分娩所にシドニーという雌ディンゴとその子犬五匹を一二週間置いたことがあります。この間、私は子犬に殆ど触らなかったので、彼らは人間に対して刷り込みがなされず、格子に手を差し延べても嘗めることすらしませんでした。また、犬同士の態度は極めて荒々しいものでした。ついで判ることなのですが、一二週の終わりには彼らの成熟度は相当進んでいたのです。したがって、ほとんど三カ月に近い子犬たちを母親と一緒に父犬パロの小屋に入れた時、かれらは父親に対し、当初うまくなじみました。しかし、そうはいっても、子犬たちは生意気で父犬の権威を受入れる素地がなく、父犬は自分の父親としての役割を果たすのに難渋していることが観察されました。そして、その犬舎には争いが常時起こるようになり、全員が苛立ってきたのです。というのは、パロは不服従を我慢できず、争いの度に精力的に介入せざるをえなかったからです。正常な犬の家族に見られる、愛情に満ちた友好的な様子はここでは見られませんでした。

次に、私はこれら二つの例を通じ、全体をよく見ないと、安易に物事を断じてしまう危険があるということを説明したいと思います。動物に関する観察において、我々が綿密な検証よりも、先入観念に頼りやすい、という事実を指摘したいのです。私の頭にあるのは、たとえば、映画産業の産物「ラッシー」によって人々が抱く、利口で慎重に行動する犬の姿が、いかに事実からはかけ離れているかというようなことです。さて、私がほかの多くの経験から、「移行期から刷り込み期の終わりまでに父犬と生活しなかった子犬たちは精神的に異常に育つ」ということを知っていなかったなら、次のことを補足すると、前の二例の説得力は台無しになっていたかもしれないのです。

実際、パロは正常な環境で育ち、その時までに二回も子犬を育てた経験がありました。ところが、アルテュスはまずひとりっ子でしたし、私はこの犬を四カ月の時両親から引き離したので、彼は一歳上のアルタと一緒になる前は、しばらくの間一匹で暮らしていたのです。アルタは成犬でしたし、アルテュスは若く、常にアルタの命令に従っていました。少し経ってから、彼も自己主張を始めましたが、アルタのほうが利口で彼を酷く痛めつけたので、時にはアルテュスが血を流し、足を引きずり、尻尾を股に挟むようなことさえ起こりました。状況が改善されたのはアルタが発情してからです。こうなれば、雄犬も当然しかるべき役割を持つことになります。

疑いもなく、生活の特殊環境がこの雄犬の行動を最初から多少異常にしてしまっていたのです。また、交尾の後、彼は一一週間以上一匹で過ごさねばならなかったので、またしても雌の尻に敷かれることとなってしまいました。

しかし、これがすべてではありません。もっと重要なことは、ディンゴの雌犬というのは、よその子犬を好まないことです。これはおそらく、厳しい自然においては、自分の子供と競争関係にある生物を容認できないという性質からくるのでしょう。さて、アルタとアルテュスとが余り友好的でない同居をしていた時代に、彼らの住まいの隣に別の犬舎があり、何匹かの子犬が住んでいました。子犬たちは父犬なしで育てられ、ディンゴを信頼し、一緒に遊びたがりました。ところが、アルタはまったく別の考えを持っており、格子越しに数匹の子犬を噛み殺してしまったのです。性格形成においてアルタからもある程度影響を受けているアルテュスは、この残忍な虐殺に加担しました。

以上が事実関係のすべてであり、ここからいくつもの教訓が読み取れます。私の最初の著作を読まれた読者はおそらく、どうして私が当時、「健康で精神的欠陥のない雄犬は子犬に危害を加えることはない」と断言できたのか疑問に思われるでしょう。以下が答えなのです。二度目の出産時にその行動が完全に正常であったものの、本来アルテュスは健全な精神を持った雄犬ではなかったのです。けれども、もう一言付け加えましょう。二回目の出産時にアルテュスが初めて鼻を巣に突っ込もうとした時、アルタは大変見事なやり口で叱りつけ、ついで彼に、子犬たちは彼の子供なのだとはっきり判らせたのです。よく観察してみると、彼は父親としての役割を正常に、しかも能率的におこなっていましたが、常にアルタの厳しい監視の下にありました。さて、正常な犬の家族においては、雄のしつけによって子犬が悲鳴を上げても、雌犬は耳をピクリとも動かさず、完全に無関心です。

なお、その後の出産時に、アルテュスは再び面倒を起こしたのでした。

以上の説明から、犬を観察するにあたっては、誤った結論に導かれる危険が充分にある、ということと、犬の行動は、その個体の刷り込みにどれほどまでに影響されるものか、をお判りいただけたと思います。私は、私宛に自分の犬の行動をことこまかに書き送って、それについての意見を求める人々を頭に思い浮かべているのです。その問題となっている犬が幼い時、どんな個々の状況に置かれて成長したのかを私が知らない限りは、到底、答えを出すことなどできるはずがありません。

さて、私にとっては以下のことは疑いの余地がありません。子犬には最初の一年間にさまざまな要素が刷り込まれ、その影響は生まれながらの性格に優先する場合すらあるのです。しかし、いずれにせよ、我々が、若い犬の発育過程において、その精神構造を変化させるようなすべての要素を知りつくさない限り、犬の生来の性格を判断することなどはできないのです。そして、それを知れば、犬の今後の成長をよく観察することが可能となるということです。

訳注　よくこの犬種はどういう性格である、との議論が安易になされるが、犬の性質については、犬種による普遍的傾向、それぞれの犬の血統の持つ傾向、個々の固有の遺伝要因、最後にここで詳述されている生まれてからの環境、のすべてを考慮に入れないと正しい判断は不可能であろう。とかく日本においては生後の環境の影響が軽視されているように感じられ、著者の研究が、わが国の繁殖、訓練界の参考となることを期待したい。

訳注　イヌ科の分類

イヌ科（一般に全十～十四属、三十七種前後とされる）
イヌ属〔前肢指五本・後肢指四本、瞳孔円形収縮、上顎臼歯二本・下顎臼歯三本〕
　家イヌ、ディンゴ、オオカミ、コヨーテ、ジャッカル　など
キツネ属〔瞳孔は縦の楕円収縮〕
　アカギツネ、ハイイロギツネ、フェネックギツネ　など
アザライヌ属
　クルペオ、カニクイイヌ、コミミイヌ　など
リカオン属〔前後肢とも指四本〕
　リカオン
ほかにホッキョクギツネ属、オトキン属、クオン属、タテガミオオカミ属、タヌキ属、ヤブイヌ属など。（『イヌはどこから来たか』大野淳一著　誠文堂新光社刊による）

訳注　刷り込み（imprinting〈英〉、imprégnation〈仏〉、Prägung〈独〉）

本書の説明で概要は理解されたと考えるが、参考までに、ノーベル賞を受賞したローレンツの著名な体験の概要を示しておく。(『ソロモンの指輪』コンラート・ローレンツ著日高敏隆訳　早川書房)

ローレンツはハイイロガンの卵を人工孵化したが、生まれたこのガンの子は出生の時かたわらにいたローレンツが母親であると「刷り込まれ」、常時この学者と一緒にいないと気がすまぬ状態となった、という大変微笑ましいエピソード。

犬もこの「刷り込み」時期に、人間、他の動物、物音などに慣らさないと、後でいろいろな問題が生じる。

社会性を身に付ける時期(八~一二週)

この時期、自分たちの避難場所でもある巣との結びつきはまだ相当緊密ですが、子犬たちは許されたより広範囲の遊び場にも安心するようになってきます。しかし、何かの危険がせまるとまっしぐらに巣や両親の元に駆け込むのです。さて、巣についで、子犬に必要な遊び場は、彼らの運動能力、好奇心が発達するにつれて広がってきます。両親は餌を運び続け、時には生きたままの小さな獲物を持ってきてやり、子犬たちは獲物を捕まえ、殺す経験を積むのです(これについては、「狩猟者としての犬」の章を参照)。彼らは常に最初に餌を食べることが許され、成犬は彼らが満腹になってから手をつけます。子犬たちは、なんとかよい餌を取ろうとして懸命に争い、毛を逆立て、唸り、相手に食いついたりする防御行動が大変進歩してきます。おなじような行為は、刷り込みの段階でも見られるのですが、この時期の最初の数週間において、餌を守るために最高度に発揮されます。

この時期に飼育者は、犬に対する愛情からかえって根本的な過ちを犯してしまうことがままあります。彼らは、昔の犬学の大先生、エミール・ハウクの助言に従い、子犬たちが一匹ずつ食べられるような餌箱を用いるのです。こうすれば、すべての子犬は自分の食物にありつけるのですから、これは善意から出た考えといえるでしょう。でも、そもそも餌の量が充分あれば、一匹ずつの餌箱がなくても食いはぐれることなどないのです！　充分食べた犬は次の犬に場所を譲るものです。食物に関する闘いは社会的意味を持ち、それが子犬の場合は、どうやって自分の権利を相手に認めさせるかの問題であり、この過程を通じて、自分の持つ攻撃性の大部分を発散してしまうのです。いずれにせよ、私個人が観察したところによれば、餌を巡る闘いは、社会性を身に付ける時期においては危険なものではありませんし（実際、何事も起こりません）、その結果、少し経てば、頭をくっつけ合って、同じ獲物を平和に食べるようになるのです。つまり、充分な獲物を一緒に倒せば、このような闘いは無意味であることが判ってくるからなのです。馬を使った狩猟の後で、三〇頭ばかりのフォックス・テリアが、褒美として獲物の内臓を与えられた時の光景を見れば、私の言いたいことがよく理解していただけるに違いありません。犬たちは、足を動かしながら身体をよせあって、各々が獲物のかけらに食らいつき、唸りもしなければ、争いもなく、ただ、満足して食べる音しか聞こえてこないものなのです。

若い犬たちの発育の終極的な目的は、仲間の犬とうまくやってゆくことであり、社会的生活は孤独な生活より進化したものなのです。単独で狩猟生活を営む動物は、食物に関する競争相手の存在を許すことができません。一方、ある集団に参加すれば、その動物はより確実に食物にありつけるのです。そして、集団生活の場合、より容易に食物が確保されるかわりに、個体が食物に関して反社会的行動をとることは許されなくなります。一九世紀後半のドイツの偉大なる自然研究者エルンスト・ヘッケルは、若い動物には、その発育の過程において、原始的な性格が多く現れることを観察しています。ある動物の進化というものは、進化の前段階において有益であったものをある日完全に否定しておこなわれるものではありません。不要となった性質も、以降の進化の過程において保持される場合がしばしばあるのです。ヘッケルは「動物の個体の発生・成長の過程は、その動物が進化してきたありさまを手短にくり返す」と述べています。犬の生涯の最初の数カ月において、食物を巡る争いが生ずる原因というのは、原始的な「前犬属」、すなわち単独で狩猟をおこなった時代の痕跡であろうと私は考えるのです。もし、子犬たちが幼い時、つまりその争いが深刻な結果をもたらさない時期に、攻撃性を充分発散させられるなら、成長してからは皆と一緒になって、平和に餌を食べることができるようになるでしょう。最悪の場合でも、お互いに策略は用いても、相手を殺してしまうほど噛むようなことはないはずです。ともかくも、私の犬舎では、何世代もの犬が同居し、犬の数が過剰であったにもかかわらず、私はこのような結論に達したのでした。五〇平方メートル程度の広さの犬舎で一四、五匹の犬が平和に食事をする光景を見るにつれ、それが、彼らが幼少期に、犬という「種」の命ずるところに従って、食事を巡り、時代遅れでしかも非社会的な争いを充分おこなった結果であると考えるのです。もし、この考えが正しくないとすれば、子犬の時は兄弟と餌の奪い合いをして恐ろしげに唸っていたある雄犬が、なぜ父親になると、先ず授乳中の母犬に食事を取らせ、ついで子犬たちが満腹するまではほかの犬たちを食物に近づかせない、といった良心的態度をとることができるのか説明がつかないことになります。だからこそ、仲間と一緒に食事をしなかった子犬は一生食物に意地汚く、成犬になってもためらい無しに自分の子犬の食物を奪ったりするのです。

進化の過程で完全に消滅せず、動物の幼少期に発現するある原始的な行動は、幼いうちに充分発散されなければいけないのです。そうしないと、後になって面倒を起こす要因になってしまうでしょう。

獲物に対する態度についても同じことがいえます。ある時は遊びとして、ある時は真剣な形で現れる獲物の捕獲行動は、この時代から徐々に観察されるのですが、それについてはここでは述べず、次章の主題としましょう。

この章では、八～一二週目に見られる、「社会性を身に付ける」行動形態について説明します。

まず、この時期になると、戦闘遊戯の回数はより頻繁になり、その行為は断片的な争いではなく、種々の行動形態が入り交じって複雑になってきます。この時期では、立場が入れ代わる場合はありますが、必ず、勝者と敗者に立場がはっきり分かれ、本能的なものに加えて経験から得た、攻撃を抑制する行為が現れてくるのです。激しい争いの中で、一匹が相手の身体の敏感な部分を強く噛み過ぎたとします。すると、噛まれた犬は防御反応を見せ、悲鳴を上げ、相手に度が過ぎたことを知らせるのです。噛んだ犬はこれにより自分の力の程度が判り、それを制御する方法を学ぶのです。この段階で、子犬に対し、我々の手は鉄でできているのではない、ということを充分教え込めば、将来、犬は手加減して遊ぶようになります。これを学んだ犬は、我々が生まれたばかりの子犬でもあるかのように、手や足を優しく噛むようになるのです。

このようにして、戦闘遊戯を通じ、社会的絆を弱めないように、同属に対する危害を避けるような態度を身に付けてゆくのです。次の成長段階、「階級を意識する時期」になると、この社会的な意味を持つ抑制心には特別の役割が与えられることになります。

これ以外に、父犬によっておこなわれる集団遊戯もよく見られます。これは逃亡する獲物を追う狩猟ゲームで、父犬が獲物の役割を演じてやります。彼は自分を追いかけるように子犬を仕向け、段々と策略を巡らし、追跡をむずかしくしてゆきます。しかし、最後には大体捕まって、降参してやるのです。

この時期までの子犬たちはほとんど完全な自由を謳歌でき、何でも許されましたが、この段階になると父犬は徐々に厳しい規律を押しつけてきます。子犬たちの体力、勇気を試す行為は、同時に秩序を打ち立てる目的を持ってくるのです。遊戯を始め、終わらせるのを決めるのは父犬であり、大変精力的な態度で自分の意思を貫きます。彼は「触れてはいけない物」を決め、常時それを見張っています。つまり、たとえば、古い骨をタブーとして指定するのです。最初、子犬たちは言いつけを無視しようとしますが、途端に物凄い勢いで罰せられます。父犬は子犬の首か背中の皮をくわえ、強く振るのです。罰せられた子犬は叫び、放されると同時に背中を下にして引っくり返り、服従の態度を取りますが、ちょっと時間が経ち、父犬がほかのことをやっていると判ると、その子犬はまだ規則が生きているのか調べるため、非常に慎重な態度で、再度タブーとされている物に近寄ります。しかし、今回も罰を受けてしまうのです。同じことが何度もくり返され、それはあたかも、父親が常に一貫性を保っているかを子犬が調べようとしているかの印象を与えます（傍線・訳者）。子犬を飼っている人は、自分が常に試されていることを認識すべきでしょう。

しかし、子犬はこのやり方でなされる罰をきちんと理解し、それが父親の権利であることを認め、すぐに深い親愛の情を示します。罰せられた子犬は父犬に友好的な態度で近寄り、鼻面で押したり、口を嘗めたり、前足を出したりして愛情を表すのです。まるで、「お父ちゃん好きなようにしていいよ。頼りにしているんだから」と言っているかのように見えます。なぜなら、父親の権威への絶対的服従こそが「種」の存続を保証するものだからです。もっとも、これは犬に限った話ではないのでしょうが！

このように、社会的行動、特に両親との結びつきは遊びを通じ現れるのです。このことは我々にとっても大きな意味を持つに違いありません。というのは、まさにこの時期にこそ、犬と人間の絆を構築しなければならないからなのです（傍線・訳者。欧米ではこういった理由から、一般に七週目に子犬を入手するのが最適といわれています）。もし、飼い主がそれをしないと、子犬は人間よりも同属の犬に対し強い絆を持ってしまいます。遊んでやる時は、子犬にとって遊戯が、対等の立場に立ったお互いの喜びである、と受け取れるようにしてやらなければなりません。犬が我々の望む行動を取った時に与えられる褒美、あるいは愛撫は、彼がタブーを犯した時に受ける罰（首の皮をつまんで振り回す）と同じく子犬の心に焼きつけられます。通常はこれらを何度かくり返す必要が生じてきます。というのは、子犬は自分の教育者である飼い主の一貫性を常時試そうとするからです（傍線・訳者）。

重要な点は、我々ができる限り子犬と遊んでやることなのです。人との遊戯が楽しければ楽しいほど、学習は楽しみと受け取られ、犬は学ぶことに喜びを感じるようになります。この段階では、常時学習の喜びが存在しなければいけないのです。

人間との接触を通じ、子犬の自信を深めさせてやる必要もあります。したがって、規律を守らせる手段は犬にとって容認できる範囲であるべきなのです。子犬が必要な罰を受けても、恐れて飼主を避けたりせずすぐに愛情を示してくるありさまが確認される程度の罰でなければならないのです。我々も次の原則を守らなければいけません。罰は、明白に犬が掟を破った場合に限る、と。犬が犯した罪と罰を結びつけられるように、罰が、罪を犯したと同時にあたえられるべきことは当然です。すなわち、父犬の真似をして、この時期においては、常に子犬を見張るべきですし、もしそれができないのなら、子犬がタブーを犯せない場所に入れておかなければなりません。もちろん、子犬を長時間一匹にしておいてはいけません。犬が何かの行為をしでかした後で叱るのは、もう少し成長して、彼が過去の行為と我々の不満を結びつけることができるようになるまで待つべきで、しかも非常に慎重な態度が必要なのです。たとえば、犬の鼻先にひきちぎられた本を持ってゆき、犬が後悔の表情を示したとすれば、それは成功しているのです。なぜなら、犬は自分の罪状を極めて明白に表現するので、犬の行動について何の予備知識がなくとも、それが判るからです（傍線・訳者）。ただ、注意が必要なことは、犬をその各々の性格に応じ、強く罰するか、穏やかに罰するかの問題です。すべての子犬たちは同一ではありません。ある犬には強い罰が必要でしょうし、別の犬には優しいたしなめで充分なのです。

訳注　傍線部については欧米において必ずしも統一された見解とは思えない。犬は壊された本に腹を立てた飼い主の表情を見て恐れ、あたかも自分が悪かったと受け取られるような服従の態度を示す、という解釈がむしろ一般的である。結局のところ、犬がどう受け止めているかは確認できないのであるから、過去の行為に対する言葉による軽い叱責は許されるとしても、強い罰は、その行為の最中にのみ限られるべきであろう。

罰についての考え方は大変広範なもので、低い、あるいは大きな声で叱ることから、強いビンタを食らわせたり、ゆすぶったりするものまであります。このいずれを取るかは飼い主が自分の犬の性格に応じて決めるべきであり、罰はこうでなければならない、といった原則はないのです。

子犬に我々の望む行為をさせようとするなら、それは褒美によってのみ実現されるのです。たとえば、ボールを持ってこなかったとしても罰してはいけません。むしろ、遊びを止めてしまうべきで、もし、ボールを初めて持ってきたらうんと褒めてやることです。

小さな子犬にとって、自分の保護者との遊びはこの上もない喜びなのです。彼らは、自分がくたびれるまで飽きずに遊び続け、最後にのびてしまうのは、大体、人間のほうです。

さて、この年齢の子犬にとって、遊びの中止は規律に従うことなのです。ですから、犬が何かよくない行為を犯したなら、これを利用できます。そういう機会は容易に見つけられるでしょう。また、遊戯を止める時、ボールをうんと遠くに投げてやることもできます。犬が一生懸命探している間、我々は平穏に過ごせるというわけです。しかし、たまたまであるにせよ、犬が飼い主の手元にボールを持ってくる場合もありますが、この時を逃してはなりません。我々が喜んだ様子を示し、遊びを続けてやれば、犬は自分の行為と遊びの続行を関連づけるでしょう（もっとも、六週目の子犬がこれをやらなかったとしてもがっかりしてはいけません）。

このようなやり方をすれば、我々がしつけとか訓練と呼ぶ、犬と飼い主の共同行為は犬にとって喜びと感じられるようになるのです。犬がある行為をした時、飼い主が喜びを表明し、同時に、それが犬にとって幸せな出来事と結びつけられれば、時が経ち、犬が充分な成長を遂げても、学習は喜びになりうるのです。人間が教育者として、あるいは社会生活のパートナーとして果たすべき役割はここにあり、これによってのみ、意義のある、そして安定的な犬と人間の群れというものが作り出されるのでしょう。

よく犬の性格が弱いといわれる場合がありますが、これはしばしば、この「社会性を身に付ける時期」におけるしつけの失敗に起因することが多いのです。犬と充分遊んでやらず、ともかく「鍛える」ことに主眼を置く……。沢山の人が、犬は荒々しい獰猛な狼であると考え、自分はライオン使いであると思っているかのようです。これは二重の意味で誤っています。まず、大分以前から猛獣使いは、自分の鉄の規律を猛獣に押しつけるのではなく、感受性の豊かな動物の友達となるようにしていますし、巨大な猫たちからは、彼らが働く喜びを持たぬ限りよい結果を引き出せないことをよく理解しているのです。第二に、荒々しい獰猛な狼などは存在せず、彼らは愛らしく、人に危害を加えたりはしないものなのです。もちろん、彼らは自然の命ずるところに従って、草食動物の欠陥ある個体を間引き、過剰繁殖を防ぐ行動をとります。少なくとも犬においては、自分が生き延びるために、人間にとっても模範となるような社会生活を発達させており、喜んで我々と共同生活を共にするのです。子犬たちが社会性を身に付ける衝動を持つ時期に、この事実をよく認識せず、生来の衝動を助けてやらない人間は、犬に対して罪悪を犯しているとすらいえるでしょう。

この時期に誤った取扱いをして、不信の念を植えつけると、事実上、一生取り返しがつかないことになります。癒すことのできない闘争の衝動は、一生を通じ、犬の精神に深く刻みこまれてしまうのです。間違ったやり方で幼年時代を送った犬の将来がどうなるかははっきりしています。多くの場合は獣医の注射が目茶苦茶にされた犬の一生に終末をもたらすのです。理性を持った人が、並々ならぬ苦労をもって犬の面倒を見てやり、ついにその犬が自分の最終的な家庭を見つけ出す場合は極めて稀であるというべきでしょう。

犬とは、本能がすべての鍵を握る動物ではない、と何度述べても充分過ぎることはありません。犬を理解するには、生まれながらの行動形態を学ぶだけでは不充分なのです。さらに重要なのは、生来備わった学習能力のある一定時期における可能性を分析し、子犬と両親の関係を観察し、異なった時期における父犬―子犬の関係を学び、子犬の個性が何によって、またどういう具合に形成されるのかをよく認識する態度です。犬とは、まぎれもなく「学習する動物」であり、その社会性の発達を研究し、それから得られたものに注意を払わなければなりません。「社会性を身に付ける時期」における、犬と人間の係わりの広さと程度こそが、犬の一生を通じ、その性格に決定的な刷り込みをなし遂げるのです。

訳注（＊）　犬を薬殺せざるをえない最大の原因は噛咬問題である。日本においては残念ながら、未だに、「噛む犬を殴る」ことを勧める訓練士も多いし、著述にも出会う。これこそが、わが国の飼い犬文化の後進性を如実に示しているのである。臆病に生まれ、人間に対し充分な社会化がなされなかった犬が、人手を恐れ、噛むことは容易に想像できる。その犬を殴ればどうなるであろう？　犬の人間を恐れる傾向はますます強まり、更に噛む犬になることは明白である。このような犬に対しては、一切の体罰をさけ、忍耐強く、「人間性善説」を植えつける以外に解決策がないのである。

子犬間の階級が確立する時期（一三〜一六週）

子犬が年齢を重ねるにつれて、この時期にはこういう行動が特徴的である、あるいは、成熟の具合はこうだ、などと正確に述べるのは困難になってくるものです。いろいろな犬種において、あるものは早熟、ほかの犬種の成長は遅い、などの事実があるのですから、相当のずれが見られるのは確実です。現在の家犬においては、幼態*が残っている場合がしばしば見受けられ、肉体的あるいは精神的性質の多くの部分が成熟しきらなかったり、成熟したとしても時間がかかる現象が観察されています。

さて、「子犬間の階級が確立する時期」において、こういった問題が顕著になってきます。性格が強く、基本的に攻撃性の強い子犬たちにおいては、性格がさほど強くない犬たちよりもこの時期の特徴がきわだって現れることになります。

子犬間の階級闘争は生後数週間目に既にそのきざしが見られ、新生児時代の肉体的発育具合が将来の階級と関係があると考えることもできるでしょう。つまり、よく発育したものが頂点に立ち、弱者は下位に甘んじる……。でも、私は物事はそんなに単純なのか、と疑問に感じているのです。階級というのは単に体力の強弱によるものではないのであり、犬のように、学習をおこなう動物においては、知能の問題でもあるはずです。将来、体格に差が出てくるのは、知能の差の結果でもありうるでしょう。ある知能の優れた子犬はうまく立ち回り、兄弟より沢山の、しかも上質な食物を入手することができるから、結果として一番強力になれる機会があるわけです。ところが成長の結果だけを見ると、階級というのは体力の問題だ、と誤解されやすいのです。

さて、群れで生活する動物においては力がすべてではありません。私は大きくて力の強い犬が、自分が年下であるという理由から、小さい犬に服従する光景を何度も見たことがあります。それから、小さな犬が体力の問題を考えずに、毎回負けるくせに大きな犬を攻撃する……という例もありました。この場合も、大きい犬のほうが若かったのです。もっとも、このような状況は人間が故意に仕組んだことなのです。たとえば、ある家で、庭の犬小屋で年長の犬を飼っており、その犬はその家に所属している意識を持っています。ところが、ある日、若い犬を家の中で飼いはじめたとすると解決不可能な火種を作ったことになります。年長者は自分の地位が奪われたと考えるし、若いほうは当然譲る気持ちはさらさらありません。むしろ、家族と家を外にいる犬から守るのが義務だとさえ思うでしょう。ですから、階級闘争は体力の問題ではなく、少なくともそれがすべてではありません。むしろ、精神的優位性の問題と考えられるのです。

もちろん、六〜八週目の子犬の段階で、精神的優位性が完全に確立することは期待できないでしょう。将来は狩猟をおこなう群れに発展する一腹の子犬たちの中で、安定した階級が定まるにはなにがしかの最終試験が存在するはずです。実際、猟場で自由に狩猟をおこなう狼において、群れの力を著しく弱めることになる絶え間ない階級闘争は、許されるべきではないのです。この種の闘争は、犬舎あるいは囲いの中にいる犬の群れに、その犬の家族の中で育った経験のない犬を入れた場合にしか起きないものです。また、別々の群れで育った犬たちを一緒にしてもうまくはゆきません。まず、各々の群れはその特徴を持っており、それが子犬の成長過程で異なった性質を与えているからです。次に、こうやって一緒にされた犬たちの間には安定した階級が定まりません。階級が定まる必要が本来はあるのですが、一年を超えた犬たちの場合は非常にむずかしいのです。結局、残念なことですが、いずれかの犬が殺されることで決着がついてしまいます。いずれにせよ、このような形で一緒にされた犬の数がある程度多い場合は、騒ぎがおき、攻撃性が発揮されるのが常なのです。ある子犬たちがこの階級を確立する時期に一緒にいた場合、事情はまったく異なってきます。騒ぎや攻撃的な態度が見られるのはこの時期だけなのです。この時代は犬がまだ小さいので、原則的には酷い怪我は発生しません。もっとも、攻撃性を持たせるために、昔から改良されてきたテリア類は例外です。私自身、一匹のスカイ・テリアが兄弟に攻撃され、瀕死の重傷を負ったのを見たことがあり、飼育者はこの種の事故はどの腹の子犬たちにも見られると話してくれました。

さて、このような極端に攻撃的なケースについてではなく、健全な子犬たちの一般的な行動について述べてみましょう。この時期には、叫び声を上げながらおこなわれる餓鬼共のいたずら騒ぎのほかに、性格の強さと体力の強靭さに関係する胆力の試練といったものが観察されます。

ここでは、子犬の階級闘争に関する闘いのありさまを非常に明確に示す一例を挙げるに留めましょう。私は以前、北極地方のエルク・ハウンドの子犬を一腹持っていました。彼らはなかなか気性が強く、楽しげな声を張り上げるありさまは、その当時のロック歌手も顔負けなくらいでした。私はこのような光景を見たのです。一匹の子犬が一片の餌を持って巣箱の下にもぐり、残りの四匹はその窪みの四方に陣取り、その一匹に対し疑似攻撃をかけました。最初、彼らは力ずくでその一匹を引きずり出すかに見えましたが、間もなく、力は用いないことが判りました。彼らのやったことといえば、叫ぶ、吠える、唸る、脅かすためにくわえる、空を噛んでみる、などで、すべては威嚇にすぎず、精神的にその一匹を追い詰め、逃亡を促そうというものでした。ところが、その子犬は狼狽することなく、あらゆる方向に一撃を食わせ、くたびれたほかの犬が一匹、一匹退散するまで、自分の地位を守り通したのでした。こうして彼は試練に打ち勝ったのです。

このような光景は子犬たちの攻守の立場が変わっても何度か見られたので、この時期においては、体力よりも、精神的な耐性、優位性が決定的であると結論づけて大きな誤りはないだろうと考えます。

象、狒々《ひひ》など、より進化した社会生活を送る動物において、群れを導く個体は体力が一番優れたものというより、経験を最も積んだものであることが、いろいろな観察から判っています。これは、若い個体が、この種の権威を認めるようにしつけられていることを示すものです。犬の場合もまったく同様であり、そのことは階級が確定する時期に明白になってきます。

したがって、この時期において、父犬が尊敬されるのは単に体力によるわけではないことに気づいても驚くにはあたりません。この時期に至る以前は、子犬の知能が十分発達していないので、彼らは「体罰」でしつけられる必要があります。もちろん、この時期になっても、遊びの度が過ぎ、攻撃的になり過ぎると父犬は、強い態度で介入することもありえます。ただ、通常の場合は、厳しい目付きをするだけで子犬たちに秩序を保たせられるのです。一方、子犬たちがどんなに父犬を慕っているかもよく判ります。彼らが父親のところに絶えず行っては口をペロリと嘗めるのは盲目的従属からではありません。私は前著で、ルドルフ・シェンケルのいう「能動的従属」について説明しました。私から見ると、この行為はコンラート・ローレンツがおそらく言いそうな「臣下の誓い」そのものです。一言でいえば、「親父に優るものなし」の感覚で、父親の権利を認める行為なのです。この説明が余りにも擬人的であると考える方は「友としての犬」の章を参照してください。

さて、両親と一緒に過ごす子犬たちの生活が、非常に調和のとれたものであることは疑いありません。犬の家族には「世代間の問題」などは存在せず、若い犬は犬社会に対して垣根を設けたりしないのです。皆から認められるに足る権威により、若い犬の存在は保護され、彼らは、有意義な社会秩序に自由に参加することができるわけです。

また、子犬たちの精神は常に環境に対して開かれており、死ぬまで続く学習能力、自分の経験を生かした環境への順応が彼らの持って生まれた性質です。この理由から、父犬はその権威を持ち続けるのであり、その子犬が父となった日に自分の子犬に対し、同じようにふるまうのです。もし狼の家族が、これと異なっていたとするなら、人間が家犬という忠実な友を見いだす前に犬属は消滅していたことでしょう。

この時期において、我々が犬の流儀に従ってみようとするなら、父犬の真似をすればよいことになります。父犬はよく遊んでやりますが、特に肉食獣のおこなう狩猟に似た遊戯をするのです。その方法は非常に巧みなので、子犬たちは十分訓練され、狩猟の役に立つ技術を学ぶことができます。我々もより多くの事を子犬に教えることができ、主として褒め言葉を与えてやりながら、我々の望む行動をさせられるわけです。犬が我々の命令通りに実施したら、すぐ別のことを命じる原則を立てるべきでしょう。もし、同じ行為をくり返させれば、犬は、「まだいけないのか」と自分に自信を持つことができなくなってしまいます。この原則は、我々が毎日おこなう服従訓練において大きな意味を持ち、訓練は一五分以上は続けないほうがよいでしょう。この時期になった子犬は、「お座り、伏せ、つけ」などを十分理解しますが、退屈で訓練を嫌がるような方法を用いないよう注意すべきなのです。飼い主が散歩に連れ出そうとすると、散歩の途中の訓練が嫌なため、コソコソ隠れる犬を何匹も見たことがあります。また、子犬はいろいろ気が散るものなので、訓練は犬がよく馴染んだ場所でおこなうべきです。もう少しして、学習の喜びを知り、飼い主と犬との精神的結びつきがより強まり、犬が命令に従うことに喜びを感じるようになれば、事情はまったく異なってきます。自分が公衆の面前で命令に従うことが大変価値のあることだ、と充分理解するほど、犬は観察力が鋭いものと私は考えているのです。こうなってくると犬の性格が問題となるのですが、公衆の前では服従しない犬もいます。あるいは、飼い主が人々の前では自分を罰したがらないことを、犬は経験で判っているのかもしれません。

この時期ともなると、子犬は暴力だけを重視するのではなく、自分が従うべき者の優越性をよく理解するもので、権威を喜んで認めるものです。というのは、子犬が群れの首長の知識と経験に信頼を寄せてこそ、首長の権威が子犬の生命を保障するからです。この概念は、この時期の始めには存在しませんが、徐々に成熟し、四カ月目の終わりになると非常にはっきりしてきます。子犬同士、あるいは、子犬と親の間の遊戯は個体の知識の訓練のみではなくなり、共同作業のような行動形態となってくるのです。成犬が我々と遊ぶのは、自分の知識を発達させるためではなく、飼い主との絆を深めるためなのです。そこにおいては、若い頃のように、自分の知識を増大させる、あるいは、自分自身の行動そのものに楽しみがあるのではなく、一緒に遊ぶ、ということに喜びを感じているのです。このような共同生活における遊戯の問題については、後章、「友としての犬」で詳しく述べましょう。

訳注（＊）　野生の犬では垂れ耳は幼犬時代にしか観察されないが、家犬においては一生そのままの犬種も多い。これが肉体的幼態の典型的例とされる。野生の犬は、ある時期から母犬ではなく、群れの首長に従うようになるが、家犬の犬種によっては母犬にも従う性質を残すように淘汰されている、との指摘もある。この性質を残しておけば、飼い主の態度が仮に群れの首長として失格であっても、母犬の代わりとしてある程度の服従が期待できるので、しつけやすいのである。ハスキーなどはこの精神的幼態を残さぬように、ドイツ・シェパードは残すように淘汰されているとの説をバレリーノは述べている。

群れの中の階級が定まる時期（五～六カ月）

この時期になると、若い犬は、両親にとって完全な狩猟仲間となり、同時に、群れの厳しい掟の中で、両親に対する絆がはぐくまれる時期が来ます。狼にとってこの時期は、普通、晩秋におとずれますが、北方では冬の初めにずれこむのです。ジャッカルの生息地域では、大型草食獣が移動する雨期になるでしょう。大型肉食獣やジャッカルはそれらを追って移動します。ディンゴの地域ではこれまた初冬なのです。この時期においては、種々の野生の犬属動物が長期間移動するので、群れの結束が一層重要となってきます。両親は群れの首長として支配し、若い犬たちの間では階級が定まり、共同の狩猟においては持ち場が決まります。これらがうまくゆくかどうかによって、その群れの存続の可否が決定してしまうのです。

狼の血筋の濃い犬は一人の主人にしか慣れない、というコンラート・ローレンツの観察は非常に興味深いものです。狼の首長による刷り込みとは、群れに対する永遠の忠誠の意味を持つのです。一般的には、冬が終わると、若い狼は首長の元を離れます。しかし、いくつかの地区においては、より大きな群れで狩猟をおこなったほうが有利な場合もあるでしょう。もし、両親と、一腹の若年の狼が一緒になったとしても、せいぜい八匹程度です。しかし、前年生まれの狼が参加すれば狩猟能力は増大しますし、彼らは経験豊富でもあるのです。また、若い狼における死亡率が大変高いことも判っており、一匹も生き残らぬ場合もあるでしょう。そうなれば、厳しい冬の間、両親は二匹で大型草食獣に立ち向かわなければならず、成功の確率は大変低くなってしまいます。しかし、前年生まれの若い狼が参加すれば事態は改善されるでしょう。また、自然状態の観察から、あるつがいの子孫が子狼を持たなかった場合、再び両親と合体することが判っています。こうなれば、「臣下の誓い」は、冬の厳しい時期における集団狩猟の成功により、報いられることになるわけです。

群れの中の階級が確立する時期を通じて、各々の狼は狩猟の際に、経験ある首長の指導の下で協力すればよい結果が生まれることを学びます。この経験のおかげで、将来連帯感が生まれるのでしょう。加えて、狩猟に各々が参加し、最善を尽くすことがどのような結果をもたらすかも理解してゆきます。

簡単にいえば、共同の狩猟を通じて、互いの協力によって満足すべき結果が得られるのだということが判ってくるのです。したがって、この成犬になりかかった時期においても、狩猟を通じ犬は学習するのですから、家犬においても学ぼうという姿勢が見られても驚くにはあたりません。しかし、私の犬たちを森に放って、どんな具合に狩猟による学習がおこなわれるかを観察することは残念ながらできないので、私個人としては、この件について述べるべき見解はありません。もっとも、このような狩猟そのものも大した意味はないでしょう。私のところの親犬たちがそもそも集団でおこなう狩猟の経験がないのですから。

しかし、たまたまおこなった観察の結果から、ある事実ははっきりしました。五～六カ月齢の若い犬たちは、長い間、しかも何度も放浪する性質があるのですが、群れの中にそれまで家から離れたことがない、より年長の犬がいる場合は、その犬も、若い犬と一緒に出掛ける衝動に抗しきれなくなるようなのです。これは、一緒に行かなければならぬ、という生まれながらの狩猟の衝動と思われます。大体の場合、この遠征はそんなに時間のかかるものではなく、彼らは数百メートル離れた草原で鼠でも掘り出して終わりにしてしまいます。しかし、このような機会においてすら、共同して狩猟の遊戯をおこなっていることは注目に値するでしょう。犬たちは、私がちょっと注意していないと連れ立って出掛けてしまうのですが、残念ながら殺されてしまうことが多いのです。というのは、私の研究所は三つの狩猟地域に隣接した所にあるからです。したがって、これらの共同行動が、それからの成育にどのような影響を与えるのかは判りません。私のところでは、狩猟の経験を積んだ先輩の犬がいなければ、犬たちは獲物を捕らえることがまったくできないのか、また、もし捕らえたとしても、本当の野生の犬のように巧みにふるまえないのかは、まだ判りません。なにしろ、連中は健康な鹿一匹として捕まえて来たことがないのですから。

いずれにせよ、この時期は、一部に生まれながらの、そして、一部は生後取得した行動形態が犬に焼きつけられる機会といってもよいので、我々と犬の関係を考えると、この時期を無駄に過ごしてはならないのです。このことに関し、二つの重要な事実を考える必要があるでしょう。第一に、我々は犬を養い続けるのですから、両親の役割を果たしており、それと同時に、猟犬を養成するのでないかぎり彼らと狩猟には出掛けないということです。第二に、自然においてはこの階級が定まる時期に、子狼は成長した狼として独立し、自分の群れを持つようになるはずなのですが、犬たちは一生我々と過ごすのです。したがって、自然状態とは著しくかけ離れているわけです。このような理由から、この時期に、自然状態で犬が学ぶはずの共同作業を別の方角に向けてやる必要が生じてくるのです。共同でおこなう狩猟はある種の規律を要求しています。つまり、まったく自由な遊びとは別に、社会的絆を強化しうる規律を伴った遊戯をしてやることが重要なのです。これを通じて、将来の作業に役立つ素地が作られることにもなるでしょう。我々が作業犬あるいは猟犬を養成しようとしなくとも、この時期の犬には何か教えることを強くお勧めしたいのです。たとえそれが大した事でなくてもよいのです。犬たちはこの発育時期において、まだ学習をおこなう段階であることは疑いの余地がなく、もし、それを飼い主が考えてやらなければ、犬の精神構造は退化してしまうでしょう。この時期においてこそ、彼らは学習の準備のとのった生徒として、群れの首長である我々を必要としており、共同作業を細かく学び、完成の域に近づく段階にあるのです。

いろいろな命令、あるいは服従訓練のおかげで、飼い主は力というより、自信を示すことにより、群れの首長としての立場を強化できるのです。若い犬は経験を積み、自分の模範となる精神的に優れた指導者を求めているのであり、暴君に仕えるようにはまったくもって作られてはいません。したがって、この重大な時期において、完璧な観察者である犬から見て、飼い主が慎重で優れた群れの首長であると認められないとするなら、将来の教育は非常にむずかしくなってしまいます。もし、模範者がたまたまいないと犬が感じれば、犬自身の地位は向上してしまうのです。犬は飼い主の意に逆らい始め、既に理解している命令を与えられても意図的に無視し、我々を憤慨させるのです。普通、こうなると飼い主は怒りだし、事態は益々悪化するばかりです。ついには、そのころ成犬になっている犬は家畜の姿をした暴君となり、飼い主を面と向かって脅かしたり、大変うまい手を使って一杯食わせたりするのです。もし、飼い主が群れの首長の役割を果たせないのであれば、犬がその位置につくのです。なぜならば、自然において、首長の存在しない群れは存続する権利がないからなのです……少なくとも犬の目から見れば……。

訳注　最近になって、日本でも、飼い主が犬に対してリーダーシップを確立する必要性がやっと叫ばれるようになってきた。マスコミも「権勢症候群」なる言葉で、犬が、自分自身をリーダーであると考えた時に見せる行動形態を取り上げている。私は十年近く前から、この問題は、欧米においては犬を飼う場合常識である、と何度も主張してきた。この項の終段で、犬の行動学の見地から、この問題が明快に解説されていることに深い感銘を受ける。また、同時に、犬のリーダーとなるためには、日本の相当多数の訓練士、飼い主の考えとは異なり、体罰が必要なのではなく、適切な時期に、犬の理解を得られる方法で飼い主の権威を示すことが、いかに重要であるかを、改めて考えさせられるのである。

思春期

思春期がいつ始まるかを定めるのは大変むずかしいものです。というのは、個体による差が余りにも大き過ぎるからです。しかし、家犬における思春期は普通、七カ月目以前には始まりません。しかし、雌ディンゴの場合には、この時期に最初の発情が見られることが多いものです。もし正常な発情がおきて、雌犬が雄を受け入れるなら、思春期は終了したことになります。このように早熟な私の雌ディンゴは、この年齢で交尾をおこない、九カ月目にはまったく母体を損なうことなく健康な子犬を産み落とし、正常に育てるのです。この年齢の雄ディンゴも受胎させる能力があります。しかし、大部分の雄家犬は、例の「足を上げて小便をする」動作を始める九カ月、あるいはもう少し遅くならないと成熟しません。

雌狼は、二回目の夏、すなわち一三〜一四カ月に発情の兆候を見せ始め、パートナーを求めます。雌狼は一匹の雄を選び、本当の発情期の前段階の激しい遊戯を通じ、雄と強く結びつくのです。この間、雌は自分の競争相手を追い払い、場合によっては殺すことすらあります。発情時期の雌の闘争心はまったく正常なのです。犬舎においては、この時期だけ平常の平和が破られます。いずれにせよ、犬の場合、雌が雄を選び、嫉妬深く独占しようとするものです。

婚約とでも呼べそうなこのような二匹の強い結びつきにもかかわらず、雄も雌も秋には元の群れに戻り、一月にはまた一緒になり、以降その状態が続きます。若い雌狼は二〇カ月になっており、今回は本当の発情を迎え、二、三月は交尾期で、雌狼が二歳となった時に子を産み落とすのです。こういった理由から、成熟の遅い、あるいは狼の血を引いた雌犬は、二歳になるまで交尾させないほうがよいことになります。あるいは、七、八カ月目に初めて発情を迎えた雌犬は、六カ月後の二回目の発情時に交配してよいという考えも成り立つでしょう。ジャッカルの場合、少なくも雄は二歳にならないと繁殖能力がないようです。私のインド・ジャッカルのアリとベンは北アフリカのハイイロジャッカルのような姿になってしまったのですが、彼らは、発情した雌ジャッカルに一歳の時から興味を示したのです。でも、実際のところはなにもできず、彼らの交尾能力が証明されたのは三歳になってからでした。一方、雌ジャッカルは一歳の終わり頃から受胎能力があるようです。雄の繁殖能力が遅れるのは、兄妹間での交配を防ぐ仕組みが存在するからではないでしょうか。

狼は年に一度、春に繁殖をおこないます。私のディンゴの出産はやはり年一回で、大体秋、九月末から一二月初めまでです。この時期はオーストラリアの春にあたることになります。低緯度地帯に住むジャッカルは狼より若干早熟で、一月に繁殖をおこなうのです。

しかし、赤道に近い東アフリカのキンイロジャッカルたちは、最初に出産した子犬が正常に発育しても、六カ月後には次の子を産むことが、研究家のヒューゴ、ヤーネ・ヴァン・ラヴィック・フータル夫妻により確かめられています。となると、真面目な犬研究家が主張するように、「家犬の二回目の発情は、家畜化の結果から生じた非生物学的現象だ」とするのは間違いということになるのでしょう。私のディンゴは極端に淘汰された家犬とはまったく異なっていますが、年に二回発情します。しかし、そこには出産調節の機能が働いているのです。二回目の発情時に、雄犬は交尾をするものの雌犬は子犬を産みません。私はディンゴもしくはその混血犬が、本当の妊娠と非常に似通った疑似妊娠の兆候を示すのを何度か見ています。この兆候は、本来あるべき出産日、すなわち、交尾後六〇日目を少し過ぎると消え去ってしまうのです。私はこの疑似妊娠は生物学的なものと考えています。おそらく、交尾についで懐胎がおこなわれ、その結果、生理学的な活動が始まるのでしょう。しかし、胎児は母体内に吸収されるのではないでしょうか。授乳の必要な子犬がいないのと同じように、分娩をしないことも母体の損傷を防ぎます。乳腺は急速に収縮するのですが、この現象は、雌ディンゴから出産直後に子犬をすべて取り上げた時にも見られます。

このような理由から、健康で強い雌犬が年二回分娩するということを完全に否定はできませんが、出産は年一回であるべきですし、それも毎年ではいけません。我々が厳しく見張っていたところで、雌犬が逃げ出し、最初に出会った雄に身を任せることはありえます。

大体の場合、このような雌犬は飼い主の意にそまず、不本意ながら子犬を育てる事態になってしまうのです。

真面目に考えてみましょう。私自身が飼っている犬ばかりではなく、私が知ることのできた数多くの例を見ると、もし、飼い主の意に反して雌犬が交尾をしてしまった場合は、中絶の注射をするより、自然に分娩させた方がはるかによい結果をもたらします。出産は母体に害を与えませんが、とても注射の危険を冒す気にはなれません。ただ、授乳の始まる前に子犬を取り上げ、獣医に安楽死を依頼すればよいのです。翌朝になれば、雌犬は元通りとなり、何事もなかったように元気一杯になります。乳を与えなかった子犬はすぐ忘れ去られるものです。

当然のことながら、何人もの純血犬種の飼育者は考えこんでしまうでしょう。実際、彼らにこうきっぱり言い放ち、納得してもらわなければなりません。「我々は二〇世紀に生きており、生理学的研究が非常に進んだ結果、雌犬がある日別の犬種の雄に交尾をされたといっても、その雌はまったく損なわれないし、以降の飼育には差し支えが生じないと断言できる」。月にまで到達可能な今日、この飼育界においては、いまだに中世の暗黒時代が支配しているかのように思えるのです。

さて、思春期の時代より少し先に行き過ぎてしまいましたが、既に申し上げた通り、思春期は一カ月程度の期間ですし、特別のことはありません。原則として、思春期が長く続

ディンゴとエルク・ハウンドの混血雄犬マクスルが、発情したタイ北部産パリア犬の雌犬にモーションをかけている情景。この挿絵で、雌犬が優位に立っていることが判る。雌に言い寄る雄犬の態度は、通常見られる気楽な遊戯とは異なっている。動作には熱気がこもり、交尾期の特徴が観察される。

く犬は成熟を続け、性的に成熟すれば思春期は終了するのです。そして、子犬は成犬になるわけです。説明を終える前に、二年目の終わりになると、雄犬は最後の成熟を終え、よりどっしりとして、以前と比べて貫禄がついてくる、ということを申し上げておきましょう。祖先の狼においては、まさしくこの時期にこそ自分の子犬を育て、群れの首長となる日なのです。雌犬におけるこの最終的成熟は、最初の子犬を育てた後に到来します。

したがって、二年経てば犬の性格は決定的なものとなるのです。この状態に至るまでに、どのような要因が影響を与えるのかを、ここまでの説明で判ってくだされば嬉しいと思います。また、くり返しになりますが、私が説明した事柄は、重要な事の一部にしかすぎず、まだ学ばなければならぬことが沢山あります。私の申し上げたことは断片的でしかなく、私自身、知っている、というより、むしろ、知らないことばかりだ、と感じているのです。我々の前には開墾しなければならぬ広大な原野が広がっていると断言できます。犬たちの進化の過程全部を知るために、良心的な研究者は、狼、ジャッカル、コヨーテ、ディンゴの何百もの完全な形の家族を観察しなければならないでしょう。これに加え、犬の成育の過程において観察されるいろいろな行動形態、中でも、彼らとの関係において我々が犬から引き出すことのできるもの、等を考え合わせなければならないのです。これこそが、「犬を真面目に考える」時に、我々が取るべき態度にほかなりません。

第二章　狩猟者としての犬

凶暴な動物というより単なる肉食獣

前章では、将来、親にとって頼り甲斐のある狩猟仲間となることを目指して、経験の無い子犬の幼少時代がいかに過ごされるのかを説明しました。こうして、狩猟技術は後の世代に引きつがれます。また、犬属における高度の社会性の発達が、その存続に大きな貢献をしている事実にも触れてみました。犬こそが、集団で狩猟をおこなう動物の典型なのです。

多数の犬の友人たちは、大体において、動物愛護の考えを持っているのですが、彼らは、犬の本質とはほかの動物を殺して生活するものだ、と認めることをまったく好まぬようです。昔から使われてきた「凶暴な動物」という、残忍な印象を与え、かつ客観的に見ても誤った言葉は、勇気ある、ベルンハルト・グリッツィメックにより「肉食獣」という表現に置き換えられました。凶暴という言葉は非社会的な行動を示す表現であり、ただ一種の動物にしか存在しません……その動物とは人間のことなのです（傍線・訳者）。人道主義という言葉を作った者だけが「種」の同胞に対し「凶暴」となる場合があるのです。地球上のほかの動物はそうではありません。このように見てくると、人間には犬が獲物を殺す行為を咎める権利などまったくないはずなのです。

また、最初に狩猟を共同でおこなわなかったなら、人間は人間にはなれなかったのです。石器時代において、人間の存在は狼と異なりませんでした。唯一の違いは、人間の肉体が狼よりも狩猟に向いていなかったということだけです。したがって、その頭脳と両手がなかったなら、この狩猟者ははやばやと飢え死にしていたでしょう。人間は自分の肉体的欠陥を道具によって補い、槍、弓、いしゆみ、ついには火器までを製造し、獲物を狩るいかなる動物をもはるかに追い越してしまいました。

人間は沢山の動物を殺し続け、もし、多少の有益な配慮がなかったとするなら、動物世界を完全に滅ぼしてしまったかもしれません。今日、その配慮は「環境保護」と呼ばれています。

この考えからすれば、犬属、あるいはほかの肉食獣の行為は、我々が感情的に彼らに着せる汚名よりははるかに納得できるものですし、同時に、我々の善意が我々の罪を消し去るものではないことを充分考えるべきなのです。人間は単なる占有欲から動物を殺したし殺し続けています。おかげで、南アフリカの動物たちを駆逐してしまったし、鯨とか毛皮を持つ動物を大量虐殺しているのです。もっとも、このことはずっと以前から指摘されているのですが……。

しかし人間は、「凶暴」であるといって狼を特に憎むのです。なぜかといえば、狼は、地上の主である人間から獲物を奪う競争相手とみなされていたからです。飽くことを知らぬ欲望を持ち、自分のことしか考えない人間にとって、その行為は許しがたいものなのです。となれば、狼を凶暴で血に飢え、人をつけ狙い、攻撃し貪り食う危険極まりない野獣であると言い始めても驚くにはあたりません。この種の話は何千も存在し、その唯一の欠点はそれが嘘であることです。しかし、狼を絶滅させるためにこういった話が捏造され、まかり通っています。そして狼を殺すことは英雄的行為とされるのです。人間は、自分たちが家畜のために野生の草食獣を絶滅させてしまったので、狼には家畜を襲う以外に生き残る方法がないのだ、ということを認めるよりも狼を殺してしまうほうを好むのです。赤頭巾ちゃんとそのおばあさんを貪り食った狼は、見事に悪の象徴となりました。この世で、ほんの少数の人々、すなわちいうに足りない数の動物学者のみが、自然の仕組みの中で狼、あるいはほかの肉食獣の果たす役割を認識しているだけです。狭量でさもしい考えに逃げ込む人間は、彼らを養っている草食獣の保存に狼が果たしている重大な役割を考えに入れようとはしません。多数の、そして注意深い観察の結果、肉食獣と草食獣の均衡を人が乱さない地域において、草食獣は極めて繁栄していることが判っています。

理由は簡単です。狼たちは射程の長い火器を持たず、頼りは自分の足と牙だけですから、事実上、病気か、脆弱な草食獣しか倒せません。そしてそれら欠陥のある獣の存在は、その種属の維持にとって危険なのです。結局、狼は、その種属のために淘汰をおこなっているのであり、草食獣が生き延びるために肉食獣が存在する、ともいえます。

狼の狩猟の様子を観察した動物学者の多数の記述によれば、獲物となるトナカイ、大鹿などの群れに弱い個体がいない場合、狼が何も捕らえられず狩りを中止することがしばしば起きるのです。私は、人間の狩猟家がこれほど素晴らしい淘汰をおこなっているとはとても思えません。

もう少しこの本当の意味の淘汰について話したいと思っています。なぜかといえば、私の目的が犬の基本的な自然の性質を説明し、それを正当化することだからなのです。動物を殺す時、狼は凶暴でも残忍でも殺戮の喜びに浸っているのでもなく、単に正常で健全な行為をしているだけです。犬は、食虫類から七千万年かけて進化した哺乳動物だ、ということを忘れてはなりません。食虫類であるハリネズミが鼠を捕らえるように、彼らは肉食が必要なのです。このようにして生まれた肉食獣は、その獲物である草食獣が大型化するにつれて大型の獲物を捕らえるようになったのです。

さて、そんなに前のことではありませんが、信じられないような科学的発見がなされました。指の数の偶数、奇数を問わず、すべての有蹄類は、肉食獣と同じ原始的先祖から発生しているという事実です。別のいい方をすれば、この二つの系統は相互に依存しながら平行的に発展してきたので、もし、肉食獣が厳しい淘汰を彼らにおこなわなかったとするなら、数百以上の形態を持つ草食獣は絶対に生まれてこなかったでしょう。逆にいえば、草食動物もまた、肉食獣がこのように大きな一族になるのに貢献しているのです。結論として、人間は残忍で凶暴な動物たちのおかげで、鹿、大鹿、猪、野生の馬、さらに羊、山羊、牛、馬、豚などの経済目的の動物たちを持つことができたのです。特に、これらの動物が家畜化され始めた時、狼は食料にするための租税としてその一部を頂戴しながらも、病気や遺伝的欠陥から、それらを守ったのです。

狼と犬

小さな食虫類から進化して、犬たちが群れで狩猟をおこない、自然の食物連鎖の中で役割を果たすようになるまでには数百万年が必要でした。肉体的特徴、感覚の鋭敏さ、社会的行動形態などが、まさにこの役割に適するように作り上げられたのです。しかし、同時に、この動物が進化によりそれほど優れたものを獲得していないことにも面食らわせられてしまいます。進化の過程で、沢山の驚くべきことが動物たちに起こっていることを考え併せれば、巨大なヘラジカ、最も足が速いとされる赤鹿、敏捷に逃げるのが得意なノロ鹿などを手玉に取れるように、狼がもっと早く走り、力強く、利口であってもよいような気がするのです。ところがこれこそが自然の滑猾なところで、獲物をその「敵である肉食獣」よりわずかに優位に置いているのです（つい、またもや馬鹿な表現を用いてしまいましたね。狼は草食獣の敵ではないのでした！）。この仕組みにより万事はうまく運ぶことになります。肉食獣はどの動物でも、手当り次第に捕らえられるのではなく、欠陥があり消滅することが必要な個体しか捕食できなくなるのです。

犬と狼をかけ合わせることによって、よりよい犬を創造できる、などと考えている人々がいますが、狼が犬より知能が高いわけではないと私は申し上げたいのです。人間は、狼から出発して、狼より速く走り、力があり、利口で、知能がたけた犬を作り出しました。このようにして育て上げられた犬は自分の祖先である狼と闘っても負けないようにすらなりました。もっとも、これは現代の用語の「狩猟犬」ではなく、「牧羊犬」のことです。彼らの役目は家畜の群れを狼から守ることなのです。ユーラシア大陸の温暖な地方に住むピレネー犬から始まり、クヴァスツ、ピュミなどの東ヨーロッパの牧羊犬、あるいは、イランやチベット高原に住み家畜を見張る巻毛の野性的な犬などがこの中に入るでしょう。最近、知り合いの一人が話してくれましたが、ペルシャ高原の田舎道を車で走ったところ、明らかに自動車嫌いの非常に強力な大型牧羊犬の群れに追跡され怖い思いをしたとのことでした。

なお、私がディンゴ、ジャッカル、コヨーテあるいはそれらに似た動物しか飼育していないので、私自身がいわゆる純血犬種が嫌いなのではないかと疑いの目で見られていますが、前に申し上げたように、それはまったくの誤解にすぎません。私は常に、人間の本当の知識が創造したものに大きな敬意を払っています。犬の飼育もその内の一つであり、人間はその先祖、狼より優れた犬を作り出すことに成功したのでした。ですから、狼と犬を交配し改良に役立てようという考えにはまったく賛成できません。五〇年前にステファニッツ大尉（訳注・ドイツ・シェパードの父ともいえる人）にとって、このことは既に明白でした。狼の血を導入することは退化を意味します。彼はこの件に関連して、ドイツ・シェパードのスタンダードについての著述で、正確かつ明白で、否定不可能な理由を上げています。――しかし、それは明らかに無駄でした。というのは、常に、またしてもそれを試みようとする人が現れるからです。今から五〇年後にも同じことが起きると私は断言しましょう！　でも、まあいいでしょう。私は赤子を水風呂に入れたほうがよいという迷信には賛成しませんが、そういうどうしようもない人々から喜びをすべて奪ってしまう気もありません。この種の実験で、もし悪くない結果が得られたなら、私も参加する用意はあります。なぜ、そしてどうやって？　これについては「統血種としての犬」の章で改めて説明しましょう。

原始犬に学ぶ

前にも述べましたが、いろいろな限定条件はあるにせよ、私は純血犬種に対し本当の好意を持っています。しかし、純血犬種をよく理解するには、その起源を明確にすることが必要である、と考えるのです。私が野生の犬を飼い、それらを交雑するのは、私が交雑そのものを欲するからではなく、我々が現在抱いている価値基準が正しいかどうかを調べるためなのです。二千年前にもこの基準は存在したに違いありませんし、我々は今日、それを追求することから出発すべきでしょう。現在、我々は純血犬種に余りにも慣れ親しんでいるため、ともすれば犬本来の性質を見失いがちです。そこにこそ、原始犬に回帰した研究の意味があり、これによって現在の犬の飼育において失われたものを明確に見出すべきなのです。少なくとも「犬を真面目に考える」人々は、この研究結果を否定しさることはないでしょう。

さて、逃げる野獣を狩猟する、という行動が生き延びるための条件となった時から犬科動物は存在し始めました。この進化の過程が乗り越えられたのは非常に古いことなのです。太古に関する考古学的研究もその時期がいつであったかを決めかねており、およそ数百万年前のことといわれていますが、それが我々にとってさほど重要な事とも思えません。我々の関心事はむしろ、どういう具合にそれが始まったか、ということなのです。現在も犬科の中に単独で狩猟をおこなう動物がおり、今日の犬科動物の祖先を辿ることが可能です。この祖先から、幾種類もの狐、ダックス・フンドによく似た南アメリカのやぶ犬類、奇妙な姿のタテガミオオカミ、アフリカの大耳犬、そのほかの単独で狩猟を営む動物たちが生まれました。また、そこから社会生活を営む種類も進化したのです。それらには、狼やその近い親戚であるジャッカル、コヨーテから、中央・南アジアの赤犬類、アフリカのハイエナなどが含まれています。

さて、自然は劇的な変化をもたらすことをせず、非常に長い時間を費やし、一歩一歩適応の歩みを進めさせるものです。したがって、古い存在をいきなり捨て去ることもしない

私の雌犬クヴァスツ・バンデュルカは六歳の時、ジステンパーに感染した。その病を克服した後、すぐ脳のヴィールス性感染に冒されたが、これも治ってしまった。これは卓越した獣医師の治療によるばかりでなく、この犬のハンガリーの先祖が持っていた原始的かつ真正な抵抗力を受け継いでいたからである。

理屈になります。犬属のいくつかの動物――実際のところ、狼、コヨーテ、ジャッカル間の差は大きいものではないので、ひとくくりに狼族といってもよいくらいなのですが――には、社会生活がまだおこなわれなかった当時の特徴を数多く見ることができます。これについては、幼い子犬たちが非常に意地汚く食物を取り合う行動を見せる、という説明をした時に触れました。

群れで活動する前段階においては、大きな獲物の狩猟はおこなわれず、小動物のみが狩りの対象でした。このことは、単独で狩猟をおこなう犬科動物の観察によって証明されるのです。狐の主要な餌は鼠で、タテガミオオカミのそれはテンジクネズミです。狼、ジャッカル、コヨーテなどが一匹で狩りをする場合、似たようなものが対象となり、鼠、昆虫、爬虫類、鳥などが狙われます。しかし野菜、茸、漿果、落ちた果物なども餌となるのです。

以上のものが、狼族の原始的な餌であり、これらの献立は遺伝子の中に記録されていると私は考えています。いずれにせよ、次のことを自信をもって言うことができます。経験を積んだほかの犬の真似をすることができなかった犬であっても、ある年齢に達すれば、学習の過程を経ずとも、本来備わった衝動によって、試行錯誤なしに一撃で小さな獲物を捕まえることができるようになるのです。

獲物に対する跳躍、鼠に対する一撃

犬が獲物に向かって跳躍する姿は、狐のそれほど優美ではありませんが、より効果的なものです。エリック・ツィーメンは彼の飼育している狼について次のように述べています。「狼は高さのある弧を描いて斜めに空中に飛び上がり、ついで頭を低くして四本の足全部か、あるいは最初前足を地面につける。この姿勢の最中、目はしっかり獲物を捕らえている。この獲物に対する跳躍により、犠牲者はまず狼の前足で地面に抑え付けられ、ついで、下方にのばされた口先でくわえられる」。

鼠に対する一撃についてはこう説明しています。「狼は後ろ足で立ち、頭を低くし、背を丸め、前足を前方に延ばし鼠を地面に押しつける。後ろ足もしばしば小さく跳躍し前足のすぐ後方に着地する。この鼠に対する一撃は鼠が逃げおおせるか捕まるまでくり返される」。エリック・ツィーメンの狼は非常に幼い時から彼の手で育てられているので、子狼たちは両親あるいは先輩狼から何の教育も受けていないということを申し上げておきましょう。私個人は、これまでに、子犬一匹を完全に隔離し、経験を積んだ犬たちからの学習がまったく不可能な状態で育てた経験はありません。もっとも、狐を一匹寝室で育てた経験はあるのです。生後七週目になると、その狐は完全な形で獲物に対する跳躍をやってのけました。この場合、掛け布団の下で動かした私の足の親指が鼠の役割を演じたのです。

この時は、布団が厚かったので指の動きは外から見えず、ただ音がしただけなのでした。素晴らしい優美な姿勢で狐の身体は空中に浮き、ついで驚くべき正確さで、見えざる私の親指を全身の力で攻撃しました。私は、この急降下爆撃の技術がいかなる力を持つか身をもって体験したのです。幸いなことに私の親指はきゃしゃな鼠より頑丈でした。鼠ならその背骨は確実に砕けていたでしょう。

前著において、私の最初の雄ディンゴ、アボリジナルのことを書きました。家の中で大きくなったこの犬は、四カ月の時逃げ出し、隣家の鶏に稲妻のように襲いかかったのです。どうすればよいかすべて知っているかのように、首の後ろをくわえ、おそらく鶏が何が起きたか判らないうちに殺してしまいました。それから数秒後、得意気に頭を高く上げながら鶏をくわえて私のところに持ってきたのです。彼は学習とほとんど関係なしで狩りをうまくやれることを証明しました。もちろん、その陰には生まれつきの知識があったわけです。兄弟との遊びを通じ、首の後ろを捕らえる方法が、確かに実用的であることが判ったのでしょう。でも、一度も獲物と闘った経験のない犬が、第一撃で何らのためらいもなく、失敗せずに鶏を捕らえたのは生まれつきの知識が重要な役割を果たしていたからです。エリック・ツィーメンの最初の雌狼アンファは先輩からなにも学んでいないのに、八カ月の時野兎を野原で捕らえました。アンファは前足で兎を引っくり返し地面に押しつけ、ついで素早い一撃を加えたのです。

以上の事実より、小さな獲物の狩猟は原始的な行動形態であり、狼あるいは犬の前時代のやり方が遺伝的相互作用として残っていると断言できるでしょう。当然のことながら経験がそれに加わり、結果として成功の確率は高まるのです。

この件に関し私はいくつかの実験をしており、それらはもちろんすべての事柄を明らかにするものではありませんが、ここで私が取り上げている事項について充分な解明を与えてくれると思うのです。

犬が隣人の鶏を食べるのを見るのは確かに辛いことですし、自分自身が狩猟者ではなく鹿の保護に関心がないとしても、自分の犬が隣家の犬と示し合わせて鹿を追いかけるのを見るのも愉快ではありません。犬を狩猟の性癖、つまり放浪癖からそらせるために、いくつかの処方箋が考えられていることは前著において述べましたが、それには一つだけ欠点があるのです。つまり、大なり小なり腕力や体罰を用いなければならないのです。前著を執筆する際、私はこのようなやり方は犬の本性にまったく反するものだ、という考えを抱かざるをえませんでした。一言でいえば、一方では厳しい淘汰により犬を強力な狩猟者に仕立て上げ、他方でそれを罰することになるからです。私はこのようなことを好みません。本書の最初の章で触れたように、犬の成長過程には、刷り込みとして学ぶ特別な学習をする時期、あるいは、本能の成熟時期があるものです。ですから、私はこの時期にこそ、体罰を避けながら、動物を殺す性質を抑制する手段がないものかと考えているのです。実際のところ、人が特にそれを禁じていないにもかかわらず、狩猟をおこなわない犬たちも存在します。たとえばスピッツにおいてはそれは遺伝的素質の喪失を意味するのでしょうか、それとも、発育の重要段階で何らかの外的影響があったのでしょうか。

訳注　狼の狩猟行動については、エリック・ツィーメン著『オオカミ』を参照されたい。『オオカミ』と、ヴェルナー・フロイント著『オオカミと生きる』（ともに、今泉みね子訳　白水社刊）は、犬の本性を知ろうとする人の必読の書である。

狩猟行動における経験の役割

私がこの実験に踏み切った理由は表題のテーマが頭をよぎったからでした。つまり、狩猟行動についてどのような遺伝的要因が存在するのか、また、犬の成長過程でそれがどのようにして成熟してゆくかを正確に知る必要があるからです。このことが非常に精密に分析されれば、犬の狩猟行動から派生するいろいろな好ましくない行為を抹消することが可能かもしれないのです。

ある好天の日、グリュブミュルには、やる気充分な人々が集合し、四台のカメラが、通常の撮影速度、高速撮影、普通レンズ、望遠レンズを装着されて出番を待っていました。我々は地面に建てられた木製の一番大きな犬舎を使用することとして、スターには既に小さな獲物の狩猟経験を持つ雌ディンゴ、スキが選ばれました。長い準備の様子を、呑気そうにあくびをしながら見守っている彼女のありさまは、正にスターの役に選ばれたことを喜んでいるかのようにすら感じられたのです。

最初の獲物として私はヨーロッパ・ハムスターを選びました。ハムスターは犬に見つけられた時恐れを抱かずにそれに近寄り、なかなかむずかしい敵となりうることで知られています。大戦直後に、ノイジードル湖の東岸で動物学の勉強をしている時、私は若いドイツ・シェパードを伴っていました。この犬のお蔭で、私は肉食獣の行動形態について沢山の観察をすることができました。というのは、最初は近所の農家の鶏、あひる、鵞鳥などを取っていた犬がそれに満足できなくなり、二十日鼠、鼠、ハムスター等で技量を磨いたからです。こういったわけで、農家の人々は時々彼が犯す窃盗を大目に見てくれました。この時、私はこの犬が、町中で生活している兄弟犬、あるいは両親よりも大きく、頑丈に育っていくのに気がついたのです。このような犬の本来の食物が、鯨、馬、あるいは牛の肉よりも、犬にとって有益な成分に富んでいると考えても不思議ではありません。しかし、我々にとって大変興味深かったのは、この犬が素早く、そして巧みにハムスターを捕らえ、獲物が防御する暇を与えないやり方を学んだことだったのです。何故なら、いくら獲物が小さいとはいえ、本能だけでは狩りはうまくゆくものではなく、経験が必要だからです。

スキはハムスターを見たことがありませんでした。私は必ずや闘いが起きると確信していたのですが、間違っていました。私はこのハムスターが囲いの中で飼われ、犬を全然恐れないことを忘れていたのです。この動物は時々柵越しに、ほかの動物にまったく敵意を見せないドイツ・シェパードのサシャとラナの臭いを嗅ぐこともできました。したがって、小さな檻の中にいるハムスターをスキに会わせた時、無邪気な表情で犬を見上げただけでした。スキは臭いを嗅ぎながら興奮が高まってきました。この動物が獲物であると判ったのです。私は友人に犬を抑えてもらい、檻を前もって決めておいた場所に置き、友人が犬を放すと同時にハムスターを檻から出しました。スキは目で動静を追っていましたが、やがて稲妻のように飛び出しました。ハムスターも隠れ家を探すために逃げだしたのですが、遠くにはゆけませんでした。エリック・ツィーメンが自分の狼アンファについて語ったと同じことをやってのけたのです。動物を捕まえるや否や細かい動作で鋭く振り回しました。それで終わりです。犬は注意深く臭いを嗅ぎ、ちょっと噛んでみました（獲物の毛皮はまったく傷ついていませんでしたが骨は砕けていました。これが犬のやり方なのです）。犬は空腹ではなかったので、その後は獲物に注意を払いませんでした。

私は意図的にスキにあらかじめ餌を沢山与えておきました。この実験により、獲物の攻撃は空腹によって起きるのではなく、動く獲物を見ることにより誘発される事実が証明されました。二十日鼠の臭いだけでこの行動を起こさせる場合もあります。鼠の穴を見つけた場合、犬は臭いを嗅ぎ、ついで鼠を捕らえるため、一生懸命に穴を掘ります。犬が動物に近づき、臭いが強くなるにつれて益々熱心に作業をするようになるのです。ここで問題になるのは、鼠の臭いを嗅いだことのない犬が果たしてこのような行動を取るのか、という疑問です。これを実験で確かめることは容易でしょうが、私の飼育所グリュブミュルでは不可能なのです。多数の犬がここで生活しているのですが、周囲の二十日鼠どもはこのあばら家が理想の場所と考えているようです。こういったわけで、彼らの臭いを嗅がずに成長する犬は只の一匹もいないのです。さてスキの件に戻りましょう。半時間ほど経ってから、別の獲物をこの犬に与えてみました。実験用のよく飼い馴らされた、温和な自然色の鼠です。私はハムスターの場合と異なる場面を見るとは考えていませんでした。本来、実験というものは先入観を持たずにおこなうべきなのでしょう。物事は予期せぬ展開を見せる場合が常にありうるのですから。

実験の最初は同じでした。檻を持ってきて臭いを嗅がせ、犬を抑え、鼠を予定の場所で放す。スキは飛びつきましたが、今度は前足を鼠に掛けず、鼻面を前に出し鼠の後ろに噛みつこうとし、ついで頭を素早く引きました。鼠は逃げようとしましたが、スキはまたもや後方から、二回目の攻撃を加えたのです。すると鼠は攻撃者に向かい合おうとし、スキは慎重に回りながら常に用心深く後ろに噛みつきました。鼠はカンガルーのように向きを変え、とうとうスキの唇に噛みつきぶらさがりました。犬は急いでそれを振り払うとまた円を描き、常に後方を攻撃し続けました。終に鼠の腰部の脊椎が傷ついたと見え、鼠の後ろ足は動かなくなりました。こうなるとスキは非常に慎重に、最初後部から、そしてだんだん頭に近い部分を噛むようになったのです。スキが首の部分を噛んだ時、鼠は既に死んでいました。するとスキは獲物の回りをそっと歩き、この攻撃力のある獲物が本当に死んだのか確かめたのです。

この戦いは厳しく、容赦ないものであり、見ていて楽しいものではありませんでした。このフィルムを見るたびにいつもゾッとします。このようなことは自然界において、毎日何千回もおこなわれているのだ、と考えてみても自分自身を変えることはできません。鼠は自分の身を守ることのできる動物で、もし近くに隠れる場所があれば、抵抗しつつそこに逃げ込み、生き延びることが可能なのです。しかし、抵抗することが出来るが故に長く苦しむこともあるでしょう。逃亡することだけを考え、抵抗しなければ、早く致命傷を負い簡単に死ねるからです。ここ数年、雑誌にはライオン、ハイエナ、虎などが獲物を殺す場面を写した写真が掲載されています。これらを見ると、死は必ずしも、ロマンティックな自然主義者、あるいは夢想家が昔考えていたように瞬時に訪れるものではないことが判るのです。カモシカが時間をかけて息絶えるありさまを見ると、「残酷」という言葉を使わざるをえません。でも、闘鶏において、彼らの本性であるすさまじい闘いの最中、果たして彼らがお互いに与える打撃に苦痛を感じているのかについては多少考えてみる必要があるでしょう。大きな事故にあった人の話によると、その瞬間痛みはまったく感じず、最後の時が近づくと、不可解な冷静さをもって死のことを考えるそうです。ショックに会うと苦痛や恐怖を感じなくなる生来の作用が働くのは事実でしょう。死の恐怖とは、死の可能性を想像している時にのみ存在するものなのです。ところが、小さな子供と同じように、動物には自意識がありませんから、死というものを意識しません。動物が逃亡するのは死を恐れるからではなく、外的要因によって逃亡という行動が引き起こされるからなのです。逃避は遺伝的相互作用として生まれながらに備わった個体保存の行動の一つにすぎません。つまり、中脳には常時神経的刺激が蓄えられていて、それが日頃は抑制されているのです。そして、外部から特有の刺激が加えられると、この抑制は取り除かれ、この場合では逃亡

雌ディンゴ、スキ。父犬はニューギニア産ディンゴのリュクスルで、母犬はオーストラリア・ディンゴのギナである。

の行動が起こされるというわけで、ほかの遺伝要因とまったく同じ仕組みのものです。死の恐怖とは人間が発明したものにすぎません。しかし、読者のセンチメンタルな感受性に訴えようとする一部の動物文学の著者はこの「死の恐怖」を大変高く評価しているようです。

もう一つ別の実験についてお話ししたいと思いますが、読者の皆さん、どうか怒って石を投げたりはしないでいただきたいものです。

さて、スキは鼠との実験において、獲物を取る行為は厳密な意味の本能によるものでないことを相当はっきり示してくれました。事実をよく理解していただくために、グリュブミュルは二十日鼠の天国であるばかりか鼠も沢山いることを申し上げておきましょう。ここは昔製粉所だったのですが、その時代から引き継がれた鼠どもは、粉の代わりに犬の残飯を漁って大変幸せに暮らしています。犬は彼らが嫌いです。だから、犬が眠っていない時に犬小屋に餌を探しに来る不注意な鼠は必ず死ぬ運命にあるのです。スキはおそらく、我々の実験以前に、この獲物の自衛力を身をもって体験していたと思われます。それで大変な慎重さが芽ばえ、生来備わった小動物に対する狩猟方法を用いなかったのでしょう。

捕食の技術における経験の役割

獲物に向かっての跳躍と、それに続いて一撃を与える行為が、遺伝的相互作用の中にどのような具合に組み込まれているのか、ということは既に観察した通りです。また、比較的大きな小哺乳動物は、跳躍により地面に抑えつけられ、歯で噛まれ、強く振られて殺される、ということも見てきた通りです。更に、あらかじめ経験を積んで慎重になっている犬は、自衛能力のある小動物を前にして、生まれながら備わっている狩猟方法を用いないことも判りました。しかし、これらの実験は私の種々の問題をそれ以上解決してはくれなかったのです。

グリュブミュルにモニカとアンドレアという二人の犬好きの学生が無料で手伝いに来てくれたある夏に、新しい実験を試みることにしました。私はコンクリートの土台の上に板で三メートル四方の実験用の犬小屋を建て、ついでこの小屋に慣れさせる目的で、連続して六日間、正確に一五分ずつ、四グループの子犬を交代で中に入れたのです。したがって、それぞれのグループは充分その場所に慣れました。実験初日の子犬たちの行動は、グループによってずい分違いましたから、もしこの場所に慣らしておかなかったら、実験の結果の分析を誤っていたかもしれません。

さて、Aグループはディンゴとエルク・ハウンドの雑種で、ちょうど生後三一日目の雄三匹と雌一匹でした。彼らはおっかなびっくりその小屋の中を歩き回り、大した事もせず、眠ってしまいました。

Bグループは雄二匹、雌三匹であり、母犬は雑種で、父犬はドイツ・シェパードでした。

子犬たちは生後四二日目になっていましたが元気に歩き回り、大きな声で吠えました。鼻を鳴らしたところを見ると母犬の元に戻りたかったのは明らかです。

Cグループはドイツ・シェパード、ラナの子の雄三匹、雌二匹で、父親はたまたまBグループと同じシェパードでした。彼らの年齢は四二日であり、Bグループと異なり内気な様子を示し、余り歩かず、時々寂しげに鳴いていました。

最後のDグループは生後四六日の雌ハスキー二匹で構成されており、彼女らは出口に大変興味を示すとともにすべてを注意深く確かめ、特に床の臭いをよく嗅ぎ、鳴き声はほとんど発しませんでした。彼らはグリュブミュルに生後四日の時到着し、ラナが自分の子と一緒に愛情を込めて育てたのです。

六日も経つと、子犬たちはこの一五分間の経験にすっかり慣れ、遊んだり、気を紛らすために入れてやったテニスボールとじゃれたりして、自分の所にいる時と同じ態度を示すようになりました。こうなったところで、いよいよ実験をおこなえるようになったのです。

実験の初日には、Aグループのディンゴ、エルク・ハウンドの雑種は三七日齢、Bグループの、シェパード、エルク・ハウンド、ディンゴの雑種は四八日齢でCグループのシェパードと同年齢、Dグループのハスキーは五二日齢ということになります。一番若い犬は五週余り、年長者は七週ちょっとというわけです。したがって、どの犬も刷り込みの時期を過ぎてはいません。

その日から後数日にわたって、子犬たちは実験用の犬小屋で毎日正確に一五分過ごしましたが、今回見つけたのはボールではなく、大人のテンジクネズミでした！　我々は獲物を捕まえる行為がどのように始まるのか知りたいと思ったのです。

Ａグループの犬たちはこの生き物に大変興味を感じたようで、短い尻尾を動かしながら、満足しきった様子でその後をついて歩きました。でも、これはボールに対するのと同じで、遊戯の域を出るものではありませんでした。そして、ボールの場合とまったく同様、彼らはテンジクネズミに興味を示さなくなり、自分たちで少し遊んだり、寝そべったりして、我々が時々動くように仕向けたテンジクネズミには目もくれなくなりました。二日目はテンジクネズミの後をつける回数が若干増え、多少この動物に対する関心が大きくなったような印象を受けたものの、初日と同じような状態でした。三日目になるとこの動物にほとんど関心を示さなくなってしまいました。明らかに、彼らはテンジクネズミが知的遊戯には関係がないと学んだようです。

ディンゴ、エルク・ハウンド、シェパードの混血犬のグループＢは、Ａグループより一日だけ年長でしたが、彼らのこの三日間における反応はまったく異なったものでした。まず全部の子犬はテンジクネズミの後を活発に追い、しばらくすると、一番強力な雄がその動物を仕留めました。比較的大きな個体を振って殺すには時間がかかりましたが、ともかく成功したのです。その直後にこの雄は、テンジクネズミを自分の所有物であると主張し始め、兄弟が近寄ると強く唸りました。兄弟は間もなく諦め、隅で休息し、幸せな狩猟家は獲物を食べ始めたのです。一五分が経過した時、彼は獲物を食べ終わっていず、子犬たちを獲物と一緒に母犬に返した後、母犬がその残りを平らげてしまいました。しばらくすると、この小さな狩猟家は実験小屋に戻って来て（子犬は放し飼いにしてある）低い囲いを乗り越え、まだ何か食べる物が残っていないか確認し、ないと判ると母犬のところに小走りに戻って行ったのです。

翌日、この雄を除外した残りの子犬をもう一度テンジクネズミに会わせてみました。またもや、活発な追跡に全員が参加し、今回は約五分後に二番目の雄犬が成功しました。そしてこの犬もやはり獲物を自分だけのものだ、と主張し、唸ってほかの子犬を遠ざけたのです。三日目にはこの子犬も別にして三匹の姉妹犬をテンジクネズミと対面させました。彼女らは最初はテンジクネズミを追いかけましたが、執拗な態度ではなく、まもなく飽きてしまい、唯一の要求はこの実験小屋から出たい、ということだけになりました。これらの子犬は自分の経験により諦める気になったのでしょうか？　ひょっとすると、ほかの動物を追いかける衝動を制御するための第一歩がここにあるのかもしれません。

さて、次は同い年のシェパードのグループCです。ここではすべてがまったく異なっていました。五匹の子犬は獲物を追いかけ、非常に素早く捕らえ、一緒になって押さえてあっという間に殺してしまいました。彼らは唸りもせず、仲良く並んで獲物を貪り食ったのです。一五分が経過すると、残っているのは毛だけというありさまでした。充分な観察ができたので、これ以上の実験をしなかったのはもちろんです。

二匹のハスキーのDグループは、初日にはテンジクネズミにほとんど興味を示さず、この動物をいじめることもしませんでした。遊戯としてすらこの動物を追いかけなかったのです。二日目の最初の一〇分間は特に関心を示さなかったのですが、急に興味が湧いたらしく、だんだんテンジクネズミを追跡するようになり、それを動けなくするような試みをし始めたのです。背中を噛むのですが傷つけたりはしません。いずれにせよ、時間切れの頃になると、動きが活発になったのは明らかで、もし時間を延長していたら動物を捕らえるところを見られたかもしれません。三日目も前日と同じように始まり、最初は子犬同士で遊び、追跡が始まったのは七分後でした。最後に一匹がテンジクネズミの背中をくわえ、最後まで歯を緩めず、振り回してテンジクネズミを殺そうとし、所定時間の終わりにはほとんど成功しました。我々は動物に止めをさしてやりました。もう一匹の子犬は、近づこうとすると唸り声で遠ざけられ、一匹だけが一切を手がけたのを見るのは興味深いものでした。

子犬たちが四九日齢になった時、再びグループAに同じ実験をおこなってみました。今回は全員がテンジクネズミを追いかけ回したのですが、だんだん興味を失い、四分後には動物の後ろについているのは一匹の雄犬だけとなりました。この子犬は獲物を放さず、あちこち引き回していましたが、時によっては獲物に引きずられてもいたのです。ところが、実験開始から一〇分後には驚くべきことをやってのけました。この雄子犬は、もう余り元気のない獲物を、それまでは唸って遠ざけていた休息中の兄弟のところに乱暴に引っ張って行って放し、ちょっと見張った後で向きを変えると、別の隅に小走りで休みに行ったのです。兄弟の一匹がもう動かなくなっているテンジクネズミをかまっていましたが、興味は低下してほかの子犬と一緒に休んでしまいました。

我々のおこなった実験は問題解決のためには不充分ですが、非常に興味ある点を示してもいます。まず、七週齢の子犬は既に、比較的大きな獲物を捕らえる能力があるという点です。テンジクネズミという動物は自分と異なった種属を噛むことは絶対になく、自由な状態であれば身を守るために逃亡するだけで、防御反射がない生き物です。このことが実験を簡単にしたのはもちろんのことです。第二の点として、遠ざかる獲物を追いかける原則が存在するものの、この年齢ではそれが常に確実に起きるわけではないということです。結果が何も得られぬ場合は、追跡の本能も消えうせてしまうのです。第三に、獲物を本当に捕まえる場合の執拗な追跡は、五～七週齢、しかも、刷り込み時期の終わりでないと見られません。第四として、個体差が非常に大きいという事実です。

遊戯と殺しの衝動

この実験により、まだ皆さんに説明していないことも観察できました。獲物の追跡は最初の段階においては遊戯にすぎないように見えましたし、おそらくそうだったのでしょう。ただ、次の点だけははっきりしています。子犬が獲物を捕らえた時は、色々なやり方で、

生後五二日目のハスキーがテンジクネズミを追いかけている光景。まだ遊びの域を出ていない。

それを逃がさないようにするのです。「色々なやり方」という表現に注意してください。子犬と遊んでやる時、彼らに手を差し出し、動かしてやると、子犬は喜んで歯でそれを捕らえようとします。今度の実験において、子犬たちが獲物の毛皮に嚙みついてみた後で彼らの口には毛が残っているのを何回か観察しました。しかし遅かれ早かれ、この方式ではよい結果が生まれぬことが判ってくるのです。彼らはテンジクネズミの先に出て、囲いの板に自分の身体で動物を押しつけ、上方から背中を捕まえるようになりました。ここまでは子犬たちのよくやる遊戯と同じです。

ところが、ここで奇妙なことが起きるのです。獲物の背中に嚙みつくと、子犬に急激な変化が生じ、目が据わり、唸り声が聞こえ、口吻は痙攣してきます。明らかに遊びから真剣な行為に移行したわけです。犬が攻撃する態度については、あとで再度説明するつもりですが、ここでは、状況をよく理解していただくに止めましょう。事態はあたかも、子犬が我ならずも獲物を殺すという衝動に捕らえられてしまった、とでも思えるように運ぶのです。彼らは一種の心神喪失状態となってしまい、この、「背をくわえる行為」が「振り回して殺す」行為を誘発する鍵であると見なし得るようなのです。もちろん、この大きさの犬は簡単にテンジクネズミを振り回して殺すことなどできません。しかし、この行為によってその衝動が満たされるまで、子犬は獲物を放しはしないのです。

先に述べた最後の実験はこの説明を強化してくれます。衝動という遺伝的相互作用は枯れ尽くしてしまうことがあり、この場合、新たに充電されない限り、もう何事も起きません。獲物が大き過ぎて、振り回して殺すことができない場合、電源は空になってしまい、充電されるまでにしばらく時間がかかるのです。兄弟のところに獲物を引きずって行った子犬の困惑がこれであり、わけの判らぬ状態となった挙げ句、獲物の前に座り、ついには頭をかしげながら「僕は何をしようとしていたのだろう」という様子で行ってしまったのでした。本能的な狩猟行動は大体において無意識なものなのです。それと意識が結びつくのは経験を通じてのことです。ただ、結果が同じように見えても、各々の子犬がどのような動機で行動しているかは明確ではないのです。いずれにせよ、「振り回して殺す」行為は「追跡」から始まる連鎖反応の最後の鎖の輪であることは判ります。また、追跡そのものは絶対に必要というものではなく、その結果食物が得られた、という経験によってのみ意味を持つ行為です。したがって、刷り込みもしくはその直後という、大変特定された時期に、飼い主の権威により、ほかの動物を追いかけることをタブーとし、絶対的に禁じることは可能であるように思えます。子犬に対し、生き物ではなく、臭いをしみ込ませた囮のようなものを使用することも可能かもしれません。父犬が古い骨をタブーに指定し子犬の教育をおこなう件を思い起こしてください。

もちろん、私の申し上げたことは仮説にすぎず、実験をくり返し、系統立てる必要があるでしょう。しかし、もし私の考えが間違っていたとしても、その実験の結果、獲物を追う行動の起源について研究がなされ、別の解決策が見つかるかもしれません。それが成功すれば、飼い主は放浪癖のある犬に悩まされず、より平和な時を過ごせるというものです。何よりもまた、本性が肉食の狩猟家であるという理由で毎年殺される、沢山の犬の数を減らすこともできるでしょう。

さて、以上のことを考えに入れた上で、放浪するために逃亡する犬の行動は、本当に「狩猟衝動」に基づくものか考えてみましょう。幼少時代に何か楽しい思いをしたのが原因で狩りに出かける気持ちを持つのかもしれません。私に、遺伝的相互作用のおかげで、「快楽」を感じながら獲物を殺すのだと理解しています。私は、逃げる獲物を追いかける行為が遺伝的相互作用によるのではないと言いたいのではありません。しかし、「追跡」と「殺す」行為が結びつかない場合、つまり、犬にとって役に立つ結果が経験から生まれなければ、この二つの鎖の輪は結びつかず、「追跡」は単なる遊戯に留まってしまいます。逃げる動物を追いかけるのを楽しみとしている犬たちがいるのは確かです。でも、一度それを捕らえると、犬は満足して戻って来るのです。私のエルク・ハウンド、ビナはそのタイプです。

さて、この衝動は家庭においても充分発散させられるもので、森に連れて出る必要があるわけではありません。木の棒、あるいはボールを投げてやれば大体充分で、「持ってこい」―は追跡の行為を代償行動に結びつけうることを示しています。ラナの父犬サシャはこの名人でしたが、ラナはそれを絶対覚えようとはしませんでした。もちろん、棒を投げてやると大変喜び、すごい勢いでそれを追いかけるのです。ですが、それを見つければ、その場に置いてから嬉しそうな顔をして戻って来て、別の棒を投げてもらうのを待っているのです。そして、場合によっては自分でほかの棒切れを探してくるのです。この犬には多少奇妙なところがあるのですが……。

一方、獲物をくわえたり、殺したり、食べたりすることが「快楽」である、という経験を一度もしない犬もいます。このような犬は、追跡をするだけで終わってしまうわけですが、「殺す」衝動が発散されず、何か問題が起きないのか、という疑問も生じてくるでしょう。しかし、その心配はなく、その衝動を別の方向に導くやり方があるのです。これが「引っ張りっこ」*であり、棒、綱、布切れなどを使って力一杯引っ張りっこをするのは、犬にとってこの上ない楽しみなのです。我々の手から布切れをもぎ取り、それを振り回すありさまを見ると犬がどんなに夢中になっているかよく判ります。そこには、「追跡」、「殺す」という異なった二つの重要な動機が見られるのですが、それらは獲物と共に刷り込まれているのでもなく、追跡すること、あるいは、食物の獲得と直接結びついているわけでもありません。しかし、我々が「引っ張りっこ」と呼ぶこの遊戯をしている間、犬は益々夢中になり、唸り声を発することすらあり、時には、犬を我に返らせるために、強く注意してやらなければならぬほどになります。

護身犬における対人攻撃も、この要素を利用しているので、この領域で能力の高い犬が強い放浪癖を持つ傾向があるのも当然と言えましょう。何人かのオーストラリア人は私に、ドイツ・シェパードは羊を盗む最も危険な存在なので放牧者から大変嫌われている、とはっきり言いました（最近の調査でディンゴのしわざではないことが証明されました）。また、一九三二年に、オーストラリア政府が、ドイツ・シェパードの輸入を禁止したのも驚くにはあたりません。ほかの犬種の輸入は自由ですが、この規制は現在も存続しているのです。したがって、オーストラリアに現存するドイツ・シェパードは、一九二〇年からその規制のおこなわれるまでの間に輸入された犬の子孫なのです（**）。

訳注（*）「引っ張りっこ」については、米国の著名な犬行動学者キャンベルは、「飼い主に対し、歯で抵抗する癖を付けるのでよくない」としている。本著者の「狩猟衝動の発散」の考えも理のあるところであり、犬の性格を見つつ、この遊戯を取り入れるか否かを考えるべきであろう。いずれにせよ、遊戯の途中で、飼い主の命令により、必ず中断する習慣をつけるべきであり、犬に布切れなどを取られっ放しにすれば、飼い主に対し優越感を抱かせることとなり、キャンベル指摘の悪影響が出る可能性がある。

（**）一九九五年春に在日オーストラリア大使館領事部に電話で問い合わせたが、スタッフォード・シャイア・テリア、土佐闘犬など数犬種の輸入は禁止されているものの、そのリストにシェパードの名は見当たらないとの回答を得た。これが本当であるとするなら、本書が執筆されて以降、規定が変更されていると思われる。

狩猟行動の要素

隣人の家畜を襲ったりする困った性癖が、牧羊犬の問題点なのですが、彼らが追跡をおこなうのは嗅覚の働きによるもので、本来狩猟の領域に属する性質です。これは、人を攻

遊びは犬の一生を通じて重要な要素を占め、人間との共同生活においてはおこなうことのできない行動形態を発散させるという特別の意味を持つ。この図は、グレート・デンのラヤが「獲物を捕らえる遊戯」をしているところ。

撃する、というもう一つの問題よりも厄介なのです。私は「攻撃者としての犬」の章で、人への攻撃という問題はなによりもまず、しつけの失敗からきている、とお話しする予定でいます。

さて、この嗅覚に頼る作業と、放浪癖との間にどれだけの関連があるのでしょうか？これを説明するのはむずかしいでしょう。臭いを追い、追跡し、万難を排して捕らえる、などは狩猟行動であり、淘汰の過程において、人間はこのような能力の優れた犬を残してきました。一言で片づけるなら、ドイツ・シェパードとは狩猟能力から選び抜かれた犬なのです。したがって、私が少し前に述べたように、この犬は何かのきっかけがあると、密かに抜け出そうとします。一匹だけでは狩猟に出掛けても成功の機会は少ないので、仲間がいればなおさらのこととなります。このようなことから、刷り込み時期の終わり、あるいは、社会性を身に付ける時期に、体系的な方策を用いて放浪癖を排除することができないかを検討する必要があるでしょう。

このことは、若い犬たちによる大型獣の狩猟に関係があり、これは、系統発生における進化を示す行動なのです。実験によりそれを証明するのは困難ですが、我々の経験によれば、いろいろな異なる状況が鍵を握っており、それについては既に多少の解説をしました。小動物を捕食することと、大型獣を倒すこととの間には大変な相違があり、後者は何よりも、経験に基づいた肉食形態なのです。ちょうど、生後五～六カ月の、「群れの中の階級が定まる時期」の若い犬に年長者が狩猟の方法を教えることは確かです。もちろん、狼もしくは犬が、自分自身でそれを学ぶ場合もないとは言いきれませんが、そのためには、相当の幸運に恵まれる必要があるでしょう。

飼育している犬の数がまだ少なく、彼らと長い時間をかけて散歩をすることのできたよき時代のことを今でも思い出します。エリック・ツィーメンが自分の狼で観察したのとまったく同じように、生後六カ月程度になる私のディンゴたちも、少し離れた所で草をはむ牛に大変興味を抱きました。彼らの両親であるスキとアボには引綱をつけてあったので、子犬たちを自由にさせておくことができました。こうしておけば、子犬たちは私たちから二、三百メートル以上離れることはないのです。連中は非常に満足そうに、しかも無礼な態度で牛めがけて走ってゆきます。彼らが充分近寄ると、角のある動物はいぶかしがって子犬のほうに小走りに近づき、子犬たちはおおいそぎで逃亡し、我々のところに戻ってくるのでした。牛たちがまた草をはみ始めるとディンゴたちは再び走ってゆく。こんな光景が何度もくり返されました。その後、成犬になると、彼らは牛を見てもほとんど関心を示さなくなりました。引綱をつけ、牛の所に引っ張ってゆくと、彼らは余り近寄らずに、私の陰に隠れるのでした。あるいは、犬たちを、不審そうな険しい目つきのこの反芻動物から一定の距離をおいた所を行進させることさえ可能でした。

しかし、私が説明したような方法で、若い時代に牛とはどんなものかを学ばず、犬舎で過ごしたディンゴを牛の群れに近づけるのは不可能です。彼らは恐怖心を張らせ、急いで逃げようとするので、引綱をつけ、声で励ましながら、この鈍感な動物の近くを通り過ぎる以外はありません。

ツィーメンの狼はもっと大胆でした。大人になった狼を、興味深げにしている牛のいる柵に近づけたところ、狼は好奇心はあるものの、まったく恐怖の表情を見せず、牛の臭いを嗅ぎ、その口さえ嘗めたそうなのです。ひょっとすると、この狼たちは、若い時代に私のディンゴより牛と親しむ機会が多かったのかもしれません。

ツィーメンもさまざまな観察の結果、狼たちは逃げる鹿を見ると、やはり即座に追跡したがる、と、私と同じ結論に至っています。「経験を積んでいないこれらの狼にとって、急速な動きというものが、対象を獲物と見なす重要な要素である」。

しかし、大きな獲物の追跡は経験によるものなのではないか、という疑問は依然として残ったままです。そのうえ、犬たちは追跡してよいものとそうでないものも学ぶのでしょう。若い犬たちはたとえば、車であれ何であれ、動く物すべてを追いかけますが、それが意味のないことを学んだ成犬は馬鹿な真似はしません。エリック・ツィーメンの狼も同じなのです。この件について、彼は、大人の狼の狩猟行動の動機となるものは非常に限られている、と的を射た表現をしています。言い換えれば、彼らは、獲物になりうる物が何かを学んだということになるでしょう。

これは決して新しい事実ではなく、古代においても現在においても狩猟家なら知っていることなのです。たとえば、フォックス・ハウンドは狐属以外の動物の臭い、足跡に関心を示してはならぬことが判っています。また、エルク・ハウンドは大鹿の血の臭いをつけ、わき目を振りません。この犬は狩猟の伴侶、つまり狩人からか、より経験を積んだほかの犬からこのことを学ぶのです。

若い犬は、先輩の犬からどんな物が獲物になりうるのか、ということを学びます。このことに関してはかなり明確な手がかりがあるのです。若い犬は同時に、どうやって自分より大きな獲物を取り扱うのかも学ぶわけです。一例をあげて見ましょう。ロシアのステップ地帯に群れをなして住むサイガというカモシカの一種は、逃亡するとき大きな円を描き、また元の場所に戻ってきます。それをうまく捕らえるために、狼たちは策略を巡らすのです。群れは二つに別れ、一つがカモシカを追跡し、他方は出発地点で待ち受けます。このたぐいのことは本能によって狼に植えつけられたものではなく、ある日、何らかの偶然によって狼に取り入れられ、世代を通じて受け継がれたものなのです。つまり、伝統となったわけです。

要約すれば、狩猟行動は、経験の力によって状況に適応し、古い世代から受け継がれるものなのです。

大きな獲物を殺す方法が、状況によってまったくまちまちであることにも深い意味があるようです。ほとんどの場合、狼は獲物を後方から襲い、腹を引き裂くまで腹部を攻撃します。獲物が弱っている時以外には、それ以上大胆になることはなく、最初から首、あるいは喉を攻撃するのは例外にすぎません。犬同士が真剣になって喧嘩をする場合、相手の喉を狙うし、攻撃的な犬が人を襲う場合も一番の弱点である喉が狙われるのが普通であることを考えると、この事実には驚かされます。ある犬が一匹で狩猟に出掛け、首尾よく正確に喉に食らいついて鹿を倒した話を聞いたこともありますが、これは、まったく稀な例にすぎないのでしょう。

この件に関し、野生の猫や狐は死んだ動物の喉にまず噛みつくということを思い起こす必要があります。ディンゴまたは他の犬に死んだ動物を与えても、こういう現象は一度も起きたことがありません。彼らは、まず、耳、唇を噛んだり、内臓を食べるため、腹に食らいつくのが普通です。

昔は、鹿を狩るために強力な狩猟犬を使ったものですが、彼らは逃げる獲物を狼流に追ったのです。狩人は馬で獲物を追い、犬が動けなくした息の切れた動物に刃物で止めを刺す。犬の褒美といえば、腸、胃等の内臓で、狼が自分で倒した動物の内臓をまず食べる性質に合致しています。この犬による狩猟と狼のそれとの間に、一つだけ相違があります。馬で追う狩人は、犬たちが何処にいるか知る必要があるわけですが、狼のように鋭い感覚を持っていないので、森の中では角笛を吹いて犬を呼び、犬たちは大声で吠えて居場所を知らせるわけなのです。

「彼らの吠声は鐘楼の響きの如くつづく」とシェークスピアが「真夏の夜の夢」で述べていますが、狩人に率いられた多数の犬たちの吠声は音楽的でさえあります。こんにち、狐の代わりに、精製された狐の糞の入った缶を騎手が競技場で引きずり、犬たちはその後をつけるという狩猟競技があり、参加者を夢中にさせます。

声を出すということ、特に吠える行為を見ると、狩猟犬の起源についてある疑問が湧いてきます。狼を家畜化して、吠える行為を発達させてきたことに疑いの余地はありません。狼も途切れ途切れに吠え声を出すのは事実ですが、そういう声を急速にくり返して、連続した吠え声とする特技は家畜化された犬だけが持っているものです。犬の淘汰をおこなう最初の段階で、人間が特にこの性質を選別したのだ、と考えられないことはありません。というのは、犬の最初の役割は番犬であった可能性が強いからです。優れた聴覚、嗅覚により、犬は人間より早く、敵の接近に気がついたのです。この番犬の役割は原始的な遊牧民にとって極めて重要であり、犬が発する警報がより大きく、強烈であるほど、眠っている二本足の相棒にとっては便利だったのでしょう。

原始的遊牧民を守る役割は、犬の監視能力から発展したことはほぼ確実です。ここから、自分の祖先である狼を打ち負かすことのできる、大きくて強力な犬を作る道が開け、人間の羊を狼の攻撃から守る牧羊犬が作られました。

狼を狩猟の手段として使用しはじめたのは、それほど昔のことではないと思われます。大きな吠え声を上げる古いタイプの猟犬は、牧羊犬から作られた犬で、しかも、自衛能力のある大きな動物に対してのみ使用されたということはありうるでしょう。東洋やエジプトの資料を見ると、巨大な犬が群れで狩猟している光景が見つかります。森の中とか、見通しの悪い地域で狩猟をおこなう際には、番犬の名残りである吠え声は大変役に立つのです。確かに吠えると犬の速力は落ちるかもしれませんが、それでも獲物の逃亡を妨げることはできるでしょう。このような場所に住んでいる獲物は長距離の追跡に慣れていないのですぐにくたびれてしまうのです。

第三章　攻撃者としての犬

凶暴な狼

ヴァレリアン・ガイストはまだ駆け出しのころ、アラスカの山岳羊を研究するためトーチランプを持って夜中に見張りをしていました。突然、薄い闇の遠くに点が現れ、それがだんだん大きくなり、ついには狼の群れに取り囲まれているのに気がついたのでした。ヴァレリアンは土地の人から、狼は人間を襲わない、と聞いてはいました。しかし、狼自身がその考えに同意しているのかは確かではありませんでした！

我々は凶暴な狼の話を聞いて育っています。たとえば、「赤頭巾ちゃん」の狼はおばあさんを食べてから、この可愛い無邪気な娘をデザート代わりにたいらげてしまうのです。それから、チョークを呑み込み声を変えるという陰険な手段で、可憐でおとなしい子山羊を七匹も飲み込んだ狼の話もあります。

また、凶暴な狼を罠にかける利口で厚かましい狐の話も知っています。そして、我々子供たちは、最後に猟師が狼の腹を割き、皆が助け出されると手を打って喜ぶのです。狼の腹に石が詰められるのが楽しくて仕方ないし、最後にこのけだものが井戸に落っこちるのはなんと素晴らしいことでしょう！　こういう実情を思うと、こうしたたぐいの自然に反する残酷な物語を子供に教える西欧人は、果たして文明について語る資格があるのか、と考え込んでしまいます。

山椒魚とかひき蛙が恐ろしい動物であるとする奇妙な物語と同じに、いったい我々は子供たちに恐怖を植えつけようとしているのでしょうか？　これらのことは私に、未開拓の森林の焚き火の光の中で、奇怪なお面をかぶって子供たちをおびえさせる中央アフリカのお祭りを思い出させるのです。

一方別のことも考えます。父親犬が初めて子犬を巣の外へ連れて出る時のやり方は非常に猛烈なもので、そうすることによって子犬に「恐怖」というものを教えるわけですが、それは根拠のない恐怖を植えつけるようなやり方でしょうか？　私自身にも確証はないある事柄についてお話ししてみたいと思います。そうすれば、ほかの人たちがよく考え、答えを出してくれるかもしれません。その議論とは次のようなものです。

子犬たちは、経験深いリーダーである父親犬に対する恐れを学びます。我々が知っているように、この恐怖はその後「聖なる恐怖」あるいは尊敬に変化するのです。しかし、さきほどの物語は何を教えようというのでしょうか？　すべての動物、伝説上の生きもの、魔法使い、怪物、霊などに対する恐怖！「聖なる恐怖」とは全然関係のない、これらの馬鹿げた物語を聞かせてくれた両親、あるいは祖父母に対し、成長した今となっては、いろいろな思いが湧くものです。

さて、「刷り込み」という概念がありますが、これは動物だけのものではなく、人間社会にも存在するものです。こんにち、心理学者でこの言葉を知らない人はいませんが、比較行動学が存在する以前にもこの「刷り込み」を理解していた人々がいました。すなわち、人民を操作しようとした権力者たちです。現在、子供たちにとってその役割を演じているのは消費経済でしょう。三〇年前はヒットラー・ユーゲントがそうでした。コンラート・ローレンツはその時代に、この刷り込みの概念を明らかにし、このような刷り込みは子供を劣悪化する、とさえ述べていました。彼にとってその原因は明白でしたが、科学書を読む人はそれほど多くはないものです。

犬が周囲の状況により刷り込みを受けるのと同じく、若者はその時代により刷り込みを受けます。確かに、私の祖母が毎晩読み聞かせてくれた動物に対する悪意に満ちた物語は、現代の子供たちの教育においては特別の役割を演じているわけではありません。でも、血に飢えた狼は死んではいないのです。この狼のイメージは、よく訓練されたドイツ・シェパードが袖カバーに食らいついて離れない様子を写した映画フィルムにより更に強化されます。西部劇では、観客を興奮させるため、あの、なにもしないコヨーテすら凶暴な動物にされてしまっているのです。同様に、映画によっては、極めて扱いやすく、稲妻のように早く走るチーターがこの上もなく悪い豹に仕立て上げられています。いくつかの子供向けテレビ番組では猫すらも鳥にとっての意地悪い殺し屋として描かれているのです。

一言で言えば、攻撃的で凶暴な動物というものは、子供たちばかりではなく世間一般の人間の持つ幻覚の一種なのです。あの頭のよいコリー犬ラッシーですら、しょっちゅう獰猛な動物たちから身を守ることになっています。

さて、ヴァレリアン・ガイストの話に戻りましょう。狼はだんだん近づいてきます。でも、それは彼を取って食おうとしているのではなく、単に好奇心ゆえの行動なのです。狼が、地面に横になった人間を見る機会はまずないといってよいはずですから。さて、ヴァレリアンが立ち上がったところ、すべての狼は驚いてちりぢりばらばらに逃げて行きました。これが後年、我々仲間がそれぞれの経験談を一晩語り明かした時の彼の話です。

攻撃の衝動と種の保存

さて、結局のところ、攻撃性とは何なのでしょう？　一九六六年版のブロックハウス百科事典は本件に関し、『攻撃』というコンラート・ローレンツの著作の最初の数行に若干の訂正を加えて引用しています。ローレンツは攻撃性のことを「動物あるいは人間の、同じ〈種〉の仲間に対する闘争の衝動」と定義していますが、ブロックハウスの編集者は、攻撃性とは「動物あるいは人間の、同じ〈種〉の仲間に対する闘争の衝動より生まれたもの」としています。ローレンツは少し後で、「自然状態において、攻撃性は他の本能と同じく、生命と〈種〉を保存する要素である」と述べています。私なら、「自然状態」という言葉に下線を引きます。なぜならば、すべてはここにかかっているからです。

動物学的な基盤の無い、何か心理学的な説明が私に期待されているなどとは思っていません。もし、獲物を殺すのが攻撃性の発露であると考える人がいるなら、犬が面白がって前歯で蚤を潰すのさえ攻撃性の現れである、とするのが当然の帰結ということになります。

一部の学者が「攻撃の衝動」という概念に異議を唱えていることは知っています。しかし、それこそが、動物学的考察が真実の鍵を見失っていることを示していると思うのです。攻撃的な行動は、少なくとも何らかの体験により一時的に強化（支配者である場合顕著に）あるいは緩和（支配されている場合）されることがあるのです。

私の飼っている犬たちがこれらについて沢山の実例を示してくれています。大型犬サンドラは四歳の時、わが家に来ましたが、そこには既にラナというドイツ・シェパードの雌がいました。サンドラは自分より若い犬が親分顔をしているのが理解できませんし、ラナのほうは自分の権利が侵害されて不満を抱き、サンドラに地位を譲るなんてとんでもない、といった態度です。したがって、雌犬たちの間にはよくある事ですが、喧嘩が絶えず、双方無数のかすり傷をおっていました。サンドラは体格的には優位に立っていたのですが、皮膚が敏感で、ラナは小さくても厚い被毛に覆われていました。我々が最初の闘いを止めさせてすぐ第二回が始まり、ついで第三回戦となったのですが、これも途中で制止しました。彼女らは自分たちの力がほぼ同じであることを理解したようで、それぞれ名誉を保ち、以後攻撃的な態度を見せることは驚くほど減少しました。二匹はお互いを避けるようになったのです。この例は、攻撃性というものをどのように理解すべきかを教えてくれるでしょう。

では、なぜ犬は人を噛むのか？　と読者の皆さんは質問されるかもしれません。これについては、まず、人間に対し充分な刷り込みのなされた犬は、人間を自分と同類と見なしている、ということを思い出してください。

テンジクネズミの雄たちはよく喧嘩をします。つまり攻撃的なのです。但し、自分の「種」以外の動物は攻撃しないよう抑制が働きます。だから、子供たちが飼うのによい動物ということになるのです。ただし、生まれてすぐのテンジクネズミを人間が育てると、人間を自分と同じ「種」と見なし、噛むようになってしまいます。

さて、サンドラとラナが当初攻撃性を表したのには、それ相応の理由があったのでしょう。健康で正常な（この二条件を強調したい）犬が人を噛むのは、相手を同「種」とみなしているからです。そして、健康で正常な犬は正当な理由のある場合のみ同「種」を攻撃するものです。したがって、私は自分を噛む犬を恨んだりはしません。逆に、私が何か過ちをした時に噛まない犬をまったくの馬鹿だとさえ思うのです。私は、犬が人を噛むのはそれなりの理由があってのことなのだ、との単純な原則から出発しているのです。もし、人がそれに値する行為をしても犬が噛まぬ場合は？　さて、返答に窮しますが、犬が人間の過ちを大目に見るのかもしれません。

私は前著で、犬は何をおいても社会的動物で我々にいろいろなことを教えてくれる、と述べました。私は道を踏み誤らされている飼い犬のことではなく、正常な犬について述べているのです。

動物学における「社会的」という言葉を定義してみましょう。それは、自分の「種」を維持する目的で、同胞に対しおこなわれるすべての行為なのです。もし雌犬が自分が生き延びるためにわが子を殺したとすれば、その行為は社会的なのです。実際、もし子犬が生まれて二週間目に、母性愛のために母犬が飢え死にしたとすれば、自分の「種」に対し過ちを犯したことになるのです。したがって、この母犬は反社会的と言いうるでしょう。二週間目の子犬は自分たちだけで生き延びることはできませんから、当然死ぬことになります。もし、母犬がしかるべき時に子犬を殺し、自分が生き延びれば、来年、生活環境が改善された時に新しく生まれた子犬を育て、「種」の維持に参加することができるかもしれないのです。もし、ある母犬が、たとえば乳を充分吸えないなどの欠陥のある子犬を殺したとすると、彼女は反社会的でしょうか？　そうではありません。この犬は「種」の維持の法則に忠実で、なにか欠陥のある遺伝形質が残らぬように排除しているのです。
このように、母犬に追いやられたり、兄弟たちについてゆくことのできない子犬を何らかの人工的な方法で育てている繁殖家がいたら、そうした、ということを明示すべきでしょう。本来生き残るべきでないような犬を生かすことによって、彼らは犬という「種」を退化させることに加担しているのです。そうはいっても、儲けしか考えぬ繁殖家はそういうことに相当無関心なものですが。

自分の子以外の子犬を殺す母犬は反社会的、あるいは攻撃的でしょうか？　私の目には攻撃的どころか防御的であると映ります。この犬は社会、別の言葉で言えば「種」に対し自分の義務を果たしているのです。どうして子犬を殺すのか？　犬の世界においては、二腹の子犬が同時に同じ巣の中に存在することは予定されていないからです。狼は分娩の時、他の群れから遠く離れ、子狼たちが自分たちの群れを作って生き残れるようにします。それぞれの狼が同じ行動をとりますから、ある雌狼の子が他の狼の領域に進入することはありえないのです。もしそんなことが起きれば、子供が喜びそうなほほえましい光景など見られるはずもありません。人為的に子狼が他の狼の領域に進入するような状況を作れば、そこの領主の雌狼は、彼らを保護の必要な存在とは見なさず、自分の子供を脅かす競争相手と考えてしまうのです。子狼は親に見捨てられたのだから助けてほしい、などと説明することはできません。自然を支配しているのは冷厳な淘汰の法則です。もし、ある狼夫婦が自分の子を自分の領地内で育てることができないとすれば、その夫婦には何かの欠陥があるわけで、それは子狼に遺伝すべきではありません。したがって保護を求めている子狼は抹殺されるべき存在なのです。ですから、見知らぬ子犬を殺さない母犬は退化していると言えるでしょう。

ここで私は代母について話をしているのではありません。代母の場合は、最初、その犬の子犬にほかの子犬をまぜてならしておき、ついでその雌犬の子を取り出してしまうのです。こうすればほかの犬の子犬も自分の子と同じ臭いを持つことになり、母犬は人間の策略に気がつかないのです。

攻撃的な雄犬

このような理由から、見知らぬ子犬を殺す雌犬の行動は攻撃的とは言えず、正常なものなのです。しかし、雄犬がほかの子犬を殺したとすれば、それは攻撃的であり、そうしない雌犬と同じように異常と言えます。

雄犬は分娩後二日目でなければ自分の子犬に会うことができません。それ以前は母犬が対面を許さないのです。私は何十回も観察してきましたが、分娩後の始末、子犬の世話などやらねばならないことが沢山ある母犬にとって、その間雄の存在は邪魔以外の何物でもないからです。

何回も実験してみましたが、雄犬がその子犬の父であることを自覚するには、母犬である雌犬と交尾をしている必要はなく、分娩時に雌犬から余り離れていなければよいのです。この事実を見ても、「種」の保存に関して動物学的安全策が取られているのが判ります。子犬たちを育てるには母犬一匹より雄犬と二匹のほうがより容易でしょう。妊娠している雌犬が不幸にも連れ合いを失った時、別の雄を探し求める理由がここにあるわけです。狼においては、雌が雄を探し、自分の選んだ雄を得るためにほかの雌と闘うことが判っています。人間と犬の行動について非常に興味深い相違がここにあるのです。中央ヨーロッパにおいて、女性同士が激しく争うのを見ることも時としてありますが、すべての女性がそうというわけではないでしょう。

さて雄犬はこのような場合、自分が実際の父親でなくとも子犬に愛情を感じるものです。雌犬は自分の子犬、あるいは将来生まれる子犬をほかの子犬から保護するわけですが、雄犬は子犬の誕生についての自分の役割を知りません。雄は自然から、気前よく面倒を見る、という役割を与えられているのです。つまり、雄がすべての子犬に見せる寛大さは、まさに人間の子供たちが喜びそうな光景なのです。雄犬は子犬ばかりでなく子供っぽい素振りをするすべての存在を受け入れてしまいます。私の飼育研究所グリュブミュルでは、時々子猫を育てる必要が生じるのですが、そのような場合は一番手近にいる雄犬の助けを借りることにしています。チビッ子の乳で汚れた口の周りを綺麗にしたり、お腹に必要なマッサージをすることに関しては、我々より雄犬のほうがはるかに上手にやってのけるのです。

正常な雄犬はすべての子犬の面倒を見る性質があるのですが、雌犬は自分の子犬の世話しかしません。また、くり返しになりますが、雌犬がほかの犬の子犬を殺すのは攻撃性ではなく、防御本能の現れなのです。ただ、子犬を生んだことのない若い雌犬はそれほど激しい行動はしません。もちろん、私は野生の犬について語っているので、家畜化された犬のお話をしているのではありません。後者においては、本能が損傷され、このような関係が成立しない場合もあるでしょう。たとえばエリック・ツィーメンは、四カ月の雌狼が差し出された子犬に対して、「世話を焼く衝動」を見せるのを観察しています。また、クライスラー夫妻はアラスカで、一歳になったトリガーとレディーという雌狼が、手にいれた生後数週間しか経たない子狼の世話を焼きたがって争ったのを見ているのです。この例は先ほどの説明とまったく異なっていますが、これらの人道的に見える態度は「種」の維持の目的に完全に合致するものであり、したがって、社会的な行動と考えられます。というのは、この狼たちは生存競争の状態にないからです。

繁殖の時期に、前年の子供がまだ両親のかたわらに残っていることもあります。理由はいろいろあるかもしれませんが、いずれにせよ生活環境の厳しさからのことでしょう。このような場合、前年生まれの若い子供は更に進んだ社会的な本能を身につけ、役に立たなければなりません。つまり、自分より小さな弟や妹の面倒を見ることができなければいけないわけです。このような理由から、先ほどのことは起こりうるし、それは社会的行動と見なされるべきでしょう。暴れん坊ざかりの子供が、より幼いものの面倒を見るため非常に社会的になってしまうのです。

さて、人間もしくは自分と異なる動物に対する狼の態度の話に戻ろうと思います。この章の目的は、できる限り「人間に対する犬の態度」を調べることです。ハインツ・ユールゲン・フェンゲウィシュはその著『ヨーロッパにおける大型肉食獣』のなかで、その一章を「狼は危険な存在か?」という問題に割いています。彼は特に一九世紀に作られた、人間が狼の犠牲になったかもしれぬさまざまな逸話を紹介しています。引用された物語は、冬に起きた事件が多いのですが、登場する人々が既に凍え死んでいたのか、元気溌剌だったのかははっきりしていません。狼が、間もなく冷凍状態になろうとしている人、あるいは既に冷凍された人間を貪り食うことは全面的に認めます。但し、対象が健康で恐怖にかられていない人の場合、状況はまったく異なるのです。

前章で少し触れたように、若い狼は両親から何が獲物なのかを学習し、それに個々の経験が加わることになります。日頃人間と犬によって狼狩りがおこなわれる地域に住んでいる若い狼は、「急いで避けなければならぬ危険なものである」ということのみを人間について学び、自分の子孫にそれを伝えるのです。もし人間の危険性をまったく知らぬ狼が人を見たら、潜在的な獲物であるととらえ、非常に慎重な態度で近寄ることでしょう。獲物とは逃げるものである、と狼は経験的に学んでいるので、もし、人が逃亡しようとすれば、これは恰好の獲物であると狼は感じることになります。ただ、人は危険なもので避けるに限る、ということを知らぬ狼は今日まず存在しません。

フェンゲウィシュはこのことに関する面白いエピソードを引用しています。スウェーデンでの事件なのですが、羊飼のペトリュス・ペトリ・シッスレルは近所の人と狼罠を仕かけました。そして一七二九年一月のある朝、罠の中から狼たちの鳴き声がするのに気がつきました。つまり、狼が罠にかかったのです！　急いで調べに行くと確かに六匹が穴の中にいます。

首に引っかける締め縄の付いた棒を使って一番強い狼を穴から出さねばなりません。ところがバランスを失って彼は穴の中に落っこちてしまったのです。さてどうなったでしょうか？　狼たちは彼の背中を踏み台代わりによじのぼり、一目散に外に逃げだしたので、羊飼いはまったく嚙まれませんでした。

イタリアのアブルッズ地方にはまだ沢山の狼がいます。彼らは餌が不足気味なので、羊を狙いにくることがあります。そんな時、羊飼いはどうするのでしょうか？　棒を振り回すだけなのです。こんなに簡単に狼を追い払うことができるわけです。

もう一つ短いお話があります。エリック・ツィーメンは政府の依頼で、狼の数を調べるためにこの地方に赴きました。彼は長い間狼と暮らしていたので狼の吠え声の真似が非常にうまく、それを聞いた狼は必ず吠えて返事をするのです。したがって、彼はこの声を勘定すれば狼の数を知ることができると考えました。ところが、計算外のことがあったのです。この地方の若い羊飼いは彼と同じくらい狼の声真似がうまく、得意になって彼の呼びかけに答えるのでずい分邪魔されたとのことでした。

この地方では、狼は自然環境の一部を構成しており、子供たちは狼の声を聞き、楽しんで育つ、ということをこの話は教えてくれます。誰が危険な動物の吠え声の真似をしてそれを呼び寄せるでしょうか。ここでは、子供時代から、狼は意気地のない獣だと学ぶわけです。

この件に関し、フェンゲウィシュはこう書いています。

「経験を積んだ狼狩人のほとんどは狼が意気地なしだと言う。しかし、ここでいう意気地なしとは、むしろ慎重さを指すのだろう。このように利口な動物（狼は間違いなくそうである）がどうして盲目的に危険に向かって突進するだろうか？　狼が自分より優勢な敵に出会った時には、実に慎重な態度をしめすのが意気地なしのような印象を与えるのである」。

この考察はまったく正しいのです。大分前に騎兵大尉フォン・ステファニッツはこう言っています。

「最近、人々は家畜の犬も野生の犬も共に意気地なしであると考えている。この結論は余りにも擬人的な発想で賛成できない。すべての生き物は、生存のために注意深く行動する傾向がある。したがって、この慎重さを意気地なしと呼ぶことはできないし、飢えとか愛情がこの慎重さを抑制することがあるのだから尚更のことである。この動物が不要な危険を避け、鉄砲を持っている人を避けるからといって、意気地なしの汚名を着せるべきではない」。

個体の生存本能と「種」の維持

個体の生存本能こそが「種」の維持に最も基本となる要素です。生存に適するように、肉体および行動形態が与えられているのです。ある行動の意味と目的を考えてみる時、この基本となる問題から出発せざるをえません。すなわち、その行動がどうして直接的あるいは間接的に「種」の維持につながるのだろうか、ということなのです。子供のために自己犠牲を払う雌の話はロマンティックではあるのですが、まったく現実的ではありません。もちろん、雌は自分より弱い敵からは子供を守るでしょうが、相手のほうが強いと判っている場合そうはしません。私に言わせれば、銃口に向かう雌ライオンはその怖さを知らないからそうするので、勇気ではなく無知がそうさせているにすぎないのです。

ユーゴ・ファン・ホーダルはジャッカルの一族がいかにして子犬を守るかを記述しています。一匹の雌ハイエナが彼らの子犬が隠れている穴蔵を見つけてしまいました。もし、ジャッカルの親たちが帰ってこなければこの雌は穴をほじくりかえしていたでしょう。親たちは代わるがわる素早い一撃をハイエナに与え、ハイエナが一匹に立ち向かおうとするともう一匹が尻に飛びかかり、後退する寸前に素早く食らいつく。ハイエナはこのような連続攻撃をうまくかわすほど敏捷ではないのでとうとう退散したということでした。

同じやり方で狼は子狼を狙う熊を追い返すことも可能です。敏捷さによって、はるかに強力な敵を制することができるのです。でも、どんな狼も熊に正面攻撃で立ち向かうことはしません。それは確実な死を意味するからです。前足で与える熊の一撃は大変素早いものですから、一番敏捷な狼ですら爪の犠牲となってしまいます。

前章で、私は雌ディンゴのスキが非常に慎重に鼠に近づくことを述べました。ある日、四、五カ月の子犬を鼠と一緒にしたことがあります。犬たちは大変興奮して鼠に飛びかかりましたが、鋭い歯で嚙まれ悲鳴を上げてそれを放しました。この日から彼らは鼠を見ても、背中を捕まえることができない場合は攻撃しないようになったのです。一般的な攻撃法は、牙で背中をつまみ遠くに投げるというものです。何回かこれを続けると、逃亡できなければ鼠は死んでしまいます。

このことに関しては、犬によりやり方はまちまちです。一回嫌な思いをするともう鼠を避ける犬もいます。こういう犬たちは鶏を追っかけたりしないし、鼠穴もほじくらず、森に連れていっても動物の臭いにつられて走り回ったりしません。つまり狩猟の本能が欠けているのです。

しかし、最初にひどい目にあっても鼠を追いかけるのをやめず、うまい戦術を考え出す犬は正常な狩猟の行為をしているわけです。彼らは危険を知っており、鼠がそれほど結構な獲物でないにもかかわらず、それでも攻撃するのです。大部分の犬は鼠を食べることをしません。

これはどういうことなのでしょうか？　攻撃する喜びなのか、殺戮の楽しみなのか、それとも闘い、あるいはほかの衝動でしょうか？

私は、狩猟の衝動の現れと考えるのです。私の飼育研究所グリュブミュルでは狩猟衝動を充分発散させることができないからです。この衝動は非常に激しいので、犬は危険に打ち勝ち、鼠を負かす方法を学ぶのです。

狩猟の衝動——犬と狐

この狩猟の本能こそが狩猟犬、番犬など、使役犬を生み出しました。

ダックス・フンドは狐穴にもぐり込み狐を飛び出させる（狩猟家はこう言う）のですが、この犬は人間の言うような憎しみ、殺戮の快楽、そのほかの理由によって行動するわけではありません。ただ、身を護るために犬を追い出そうと穴の外へ出てきた狐が銃口に身を晒すように仕向けるだけなのです。これは生まれながらにして与えられた狩猟の情熱以外の何物でもありません。なぜならダックス自身が狼の末裔であるし、皆さんご存じの通り、狼は狐はもちろん、捕まえられるすべての動物、温暖な所ではジャッカルさえも攻撃するのです。北アメリカにおいて、狼はコヨーテの大敵であり、狼にとって、この動物は獲物以外の何物でもないのです。

したがって、狩猟家は、この貴重な本能をそのまま、ダックスに残しておかなければなりません。この本能に欠けるダックスは、危険な狐の牙に身を晒すより家で旨いものにありつけることを考えているのでしょう。

六カ月の犬が鼠を相手に多少ひどい目に会ったとしても生命に別状はありません。しかし、犬の性質を知り、身を護ろうとしている狐と対戦すれば、それは若い犬にとって最初でしかも最後の体験となるかもしれないのです。

いくつかの資料によると、かつて、人々は犬が狐に殺されたりすることに冷酷で、おまけによいダックスとは狐より強くあるべきだ、という間違った考えを抱いていました。ダックスは自然の狐穴で試され、もしたじろぐようなことがあると、狐に殺されなくとも射殺されたのです。でも、この方法はまったく非効率的で、このような淘汰方法は単なる野蛮行為でした。我々が知っているように、若い犬はまず経験を蓄積しなければならないのであり、一般的には両親がそれを教えるのです。

したがって、ノルウェーあるいはスウェーデンでは、鹿狩りの時、若い犬を、年長で経験豊かな犬と一緒に狩猟に連れてゆきます。こうして、若い犬は年上の犬のすることを真似て、どうすればよいか学習することができるわけです。

そうはいっても、先輩犬の後について若い犬が穴に入ったところで、前の犬の尻尾の動き程度しか判らないので、狐穴狩りをこの方式で学ばせるのはむずかしいでしょう。

そこで狩猟家は人工狐穴を使って犬の性向をテストすることを考えつきました。この方法は誤解されており、ヒステリックな自然保護論者は既に問題視しています。このシステムは攻撃性の問題に深く関係のあるものなので、詳しく説明したいと思います。

人工狐穴は、自然の状態からよく学んだ結果生まれた、非常によくできた多数の横穴です。動物が怪我をしないように、いろいろな工夫が採り入れられています。たとえば、穴の仕切りや角は滑らかに作られており、更に格子を下ろして動物たち、つまりダックスと狐を引き離すことができる仕掛けが何カ所もあります。また穴の天井は瞬時に開けられるように工夫されてもいます。まさに、犬と狐の安全と健康を守るためのあらゆる手段が尽くされているのです。

まず、狐を見てみましょう。もちろん野性の狐ではなく、幼い内に捕獲され、人工的に飼育されていて、犬のように扱いやすく、簡単な命令を学ぶこともできる狐です。狐をこのように育てるには並々ならぬ愛情と忍耐が必要でしょう。さて、いろいろなことを想像する方々がいらっしゃるかもしれませんが、このようにして、自分が手塩に掛けて育てた狐を簡単に犬の餌食にできるような人がいたらお目にかかりたいものです。本当のところ、飼い主が狐と一体感を持っているかぎり、このテストは平穏無事に終了するのです。

狐というものは犬と同程度の知能を持っており、通常の環境におけばいろいろな事柄をそれなりに解釈することができる動物です。自然状態においては、狼、オオヤマネコなどが競争相手であり、敵でもあります。したがって狐はどうやって身を護るかを知っているのですが、これについては特に説明を要することはないので、ここでは省略します。ともかく、狐は生まれながらの行動形態に加え、このより大きくて強力な獣に対し、どう行動したらよいのか、という経験を蓄積することができるのです。

飼育された若い狐は、幼い時からダックスに引き合わされ、この犬がどのような行動や反応をするかを間もなく理解します。特に、この犬が仲間の狐と異なり、事あるごとにひっきりなしに吠えることが判るので、狐はじきにその吠え声に無関心となるのです。つまり、狐に言わせれば、「ダックスっていう奴はくだらん事にも大きな口を開けて吠え、何でもないことに興奮する奴さ」となるのでしょう。

さて、この吠え声によってこそ、ダックスが自分に危害を与えない動物だと狐の目に映るのです。自分はお前にとって危険なのだ、と大声で知らせる敵はいないでしょう。ところが狩猟家にとっては、この吠え声が重要なのです。そのおかげで、犬が今、何処で狐を追いかけているのかが判るからです。したがって、喜んで吠える、ということもダックスを選別する重要な要素となります。

ついでこのテストがどういう具合になされるか見てみましょう。狐の持ち主は籠を持って狐のいる囲いに行きます。籠の出入口はちょうど、人工狐穴のそれと巧く合うように作られているのです。既に何回もテストの経験がある狐は、呼ばれると直ぐさま、それも喜んで籠に入り、中に座ります。狐は利口なので、これから何が起きるか充分心得ているのです。もし、これから起きることが嫌なら、あらゆる手段を尽くし全力で抵抗するはずでしょう。

人工狐穴に到着し、籠の扉を開けるともう狐は穴に鎮座ましましています！ もし、狐が怖がっているならそうはしないでしょう。狐のことを少しでも知っている人なら、狐がうっかりしてそうしたのだ、などとは考えないはずです。

どうしてこうなるかといえば、狐君は、これがどういう遊びかよく判っているのです。狐は次の穴まで進み、そこでダックスを待ち受けます。狐はこの人工狐穴を隅々まで知りつくしているのですが、犬のほうは一部しか知りません。犬は既にここに連れて来られたことがあり、少なくとも穴を探索し、声を出す習性があるかを試されてはいるのです。さて、犬が中に入り狐先生を発見する。先生は犬がどんな反応を示すか見守っている。犬の中には尻尾を足の間にはさみ退却するのもおり、こうなると飼い主は大変がっかりします。この犬は狩猟の衝動がまったくないことが判るからです。そうはいってもこのワン公がろくでなしで、よい飼い主を見つけられないときまったわけでもありません。

　別のダックスが初めて狐と対面し、多少はためらいながらも吠え始めたとします。犬が五、六〇センチ離れている限り、狐先生はそのままにしておきます。

　この距離で敵に脅かされると、狐は相手をキッと見据えるものです。これは敵にとって大変不愉快なことですが、狐と相対した経験のない犬が、どうして尖った歯に向かって正面攻撃をおこなえるでしょうか。

　ところが、よいダックスの場合、直ちに狩猟の衝動が動き始め、生まれながらの慎重さに打ち勝つこととなり、狐に近づいていきます。狐は、静かに待っていますが、距離が二〇センチ程度になると急に口を大きく開け、稲妻のように犬に飛びかかり、ついで元の場所に戻ります。

　少し鈍いダックスなら多少は食いつかれるでしょう。ただ、狐に相手を傷つける意思はないのです。この段階で傷つけてしまうのは賢くないやり方で、自然においては相手を興奮させるだけです。つまりこれは威嚇の一撃にすぎず、分別ある犬が本当に噛む前にやることと同じなのです。

　敏捷な犬なら後退してかわすので、この一撃は空を切ります。でも、これでダックスは狐が何をするのか判ったわけです。そして新たな攻撃を試み、二〇センチの距離に近づこうとしますが、狐の歯にやられぬよう注意します。特に賢い犬なら、自分が充分早く動けることが判り、益々狐を威嚇することになるのです。そうすると狐は、勝ち誇ったダックスを尻目に少し後退します。これが狩りの醍醐味なのです！　穴をよく知っている狐は次の角に座り、犬は敵を見ることができないので狩りを続けて前進するのですが、途端に狐に襲われ、後ろに飛びすさります。

このようなことが半時間も穴の中のあちこちで続けられます。狐は相手の性格によりやり方を変え、もしあまり攻撃的でないダックスが相手なら、最初の場所に座ったきりです。ところが、飼い主がもう少しテストしたいと考えても、犬のほうがこの遊びに飽きて続けようとしない場合もあります。そういう時は狐を逃亡させ、犬に刺激を与えなければならないわけです。そのためには狐の飼い主が天井を少し開け、狐にどこに行け、と指で指示しないわけです。狐はいたずらっぽい目つきをして従いますが、そんな時の「えらく疲れきったワン公を連れてきましたね」と言わんばかりの表情には一見の価値があります。

ともあれ、こうやってダックスが、狐がどういう反応を示し、行動するか、を学ぶのが重要なのです。こうして犬は、狐の攻撃を余り深刻に考える必要のないことを理解します。後日、実際の狩猟に出た時、犬は、先生狐に初めて対面した時とはまったく違ったやり方をできるようになります。さて、ダックスの習性をよく理解している、このように馴らされた狐にとって、この仕事は愉快な気晴らしであり、自分の才能を示すよい機会です。小さな時からよく知っている遊びなので、狐は犬を些かも恐れず、犬の優れている、あるいは劣っている点を全体的によく把握して、自分の利点と経験を生かして対処するのです。狐にとっては、小屋の奥に座って退屈な妄想にふけっているより余程楽しいわけです。これを動物虐待だという人たちは誤解しているのです。動物愛護とは、動物をよく知ることだ、ということを判っていない人が多いのは大変に残念です。以上で説明は充分かと思いますが、その動機を知らずに、狐の攻撃を攻撃的であると言う人がいても、実際は単なる防御であり、攻撃的な行動ではまったくないのです。

では、はやりたつダックスは攻撃的なのでしょうか？ 彼は鼬を捕らえる犬、鹿を引き裂く狼の群れと同じで攻撃的ではないのです。ダックスの望むこと、それは狩猟の衝動を満足させることにほかなりません。そして、それは決して、絶対に、攻撃性と呼ぶべきものではないのです。

もし、コンラート・ローレンツ流に、攻撃性というものを理解するなら、同じ「種」の仲間に対する闘争の衝動を、仲間に向けた凶暴さ、と受け止めることが可能でしょう。しかし、ダックスは狐に対しては凶暴ではないのです。なぜならば、狐はほかの犬のように縄張りを荒らしたりしてダックスの存在を脅かすことはないからです。彼が興奮するのは、永い間抑制されていた狩猟の衝動を発散させるためだけなのです。

震える手で、今まで出会った中で一番大きな鹿に銃で狙いをつける狩猟家は、鹿を憎んでいるわけでもなく凶暴でもありません。彼の頭はこの瞬間、立派な獲物を撃つという幸せで一杯なのです。獲物が大きければ大きいほど、彼の一族は充分な食物の分配にあずかれるわけですから、これが動物学的に見ればまったく正常な人間の感情であることを忘れてはいけません。我々は、一万あるいは二万年前、それなくしては先祖が生き延びられなかった、生まれながらの行動形態を沢山持ち続けているのです。狩猟家を動物の殺戮者としか考えぬ人（狩猟家が自分の犬を殺さぬ限り……もし、そうしたとすれば、その行為が正当であるかどうか疑問ですが……）は原始的な本能の一部、すなわち社会的な行動の一部が欠けているともいえるのです。人間においては犬と同じく、獲物を捕らえる行為は自分の群れを養うことにほかなりません。クライスラー夫妻の狼夫婦、トリガーとレディーが三〇キロも走って獲物を捕らえ、それを子狼に与えるために、胃の内容物を先を争って吐き出す話を思い出してみるべきでしょう。彼らは互いに競争し、より社会的であろうとしているのです。さて、ここまで説明しても、獲物を捕らえるという動機が凶暴さであると考える人がいるのでしょうか。そういう人は、狩猟家が獲物の記念品を集め、敬意とともに保存するのを何と解釈するのでしょう？　その記念品は社会的行動を完遂したという目に見える証拠なのです。石器時代には、豊猟をもたらす狩人は自分の部族に繁栄をもたらしたのです。

狐穴で狐を探し、それを飛び出させるダックスの行動は社会的なものといえるでしょう。犬は自分の家族の維持、ひいては「種」の保持に役に立つことをしているのです。狩猟家は彼にとって同胞であり、一緒に働くことで、犬は彼の役に立っているのです。

したがって、狩猟行為は攻撃性、あるいは凶暴性という言葉とはまったく関係がありません。その動機は完全に社会的な領域に含まれるものなのです。

これで、攻撃性というものが餌の捕獲、あるいは外敵に対する防御などの反応とは関係ないものであることがお判りいただけたと思います。もし、何かの理由で犬に対して腹をたて、犬を憎み、その結果犬に向かって攻撃的な行為をしたと言う人がいたなら、私は「犬を自分と同じ動物だと考えていますね」と言うでしょう。犬は犬として考え、人間のレベルに引き上げないことです。そうすれば犬に対してより適切な態度がとれるでしょうし、隣人の犬がよく吠えるからといって、夜中に殺してやろうなどとは考えないでしょう。もしそうすれば、あなたの「同胞」を殺すことになるのだし、隣人も犬が吠えることはよく知っているはずですから、まずその人と話すのがよいでしょう。なぜ犬が吠えるかについては話し合いではっきりさせることができるはずです。

同「種」内の闘争における真の攻撃性

さて、解明がむずかしいものは同「種」内で生じるいくつかの事例、すなわち本当の攻撃性です。ここでいくつかの例を述べましょう。

私が飼った最初のニューギニア産ディンゴ、リュクスルの娘スキの子犬たち、二匹の雄と一匹の雌はどんどん大きくなってゆきました。

一年後、一番強い雄犬を父の名を取ってアボ二世と命名しましたが、この犬は母犬と交尾をする結果となり、その子犬の中から雌を一匹取っておきました。最初は万事うまくいっていたのですが、アボ二世の弟犬が二二カ月になった時、ある晩嚙まれて死んでいました。どの犬に、どういう理由で嚙まれたのか、私には判りません。多分、一五〇平方メートルあったとはいえ、犬舎が小さく、序列の低い雄犬が邪魔だったのでしょう。さて、スキは今一度アボ二世に掛かられたので、経過を観察するため、スキを家に入れましたが、間もなく妊娠していないことが判ったので、三週間後に犬舎に戻しました。

その間に犬舎の序列には変動が起こり、かつてリーダーであったスキは、もはやその立場を失ってしまいました。二匹の雌犬との間で酷い嚙み合いが何度も起きるので、私はスキをもう一度引き上げざるをえませんでした。

アボ二世は三歳半になったある朝、犬舎で嚙まれて死んでいました。どうしてでしょう？　私にも判りません。私の目から見ると、力はあるし父親としても立派なよい雄だったのですが……。でも彼の死を知っている二匹の雌犬は別の見方をしていたに違いありません。

私の犬舎でほかにも二件死亡事故がありました。銀色のディンゴ、アルタとアルテュスの明るい色の雌子犬アストラの死がその一つです。この犬は大きな犬舎に、兄弟犬のこれまた明るい色のアストール、それから、通常の毛並みの雌犬シナと暮らしていました。最初はすべてが巧くいっていたのです。シナは一歳年長で若干威張っていましたが、アストラを受け入れていました。ところが、シナが発情するや平穏な生活は終わりを告げたのです。六月三〇日、大きな叫び声が聞こえました。ディンゴは、自分より優位にある犬に見据えられると吠える癖があるので、その声には慣れていたのですが、今回の叫びは急を告げていたので急いで犬舎に走りました。それでも遅すぎました。シナがアストラをひどく嚙んでいたので手の施しようがありません。重傷の雌犬の苦痛を取り除いてやる以外、私にできることはありませんでした。とても回復する見込みがなかったからです。

ただ、我々が介入する直前に驚くべきことが起こっていました。兄弟のアストールがアストラを、ライバルのシナと同じくらいの凶暴さで嚙んでいたのです。雄は雌を傷つけない、とする原則は破られたのです。

アストールは、発情中のシナの強い影響下にあったので、シナが発情の興奮で嚙みついても、何もせず嚙まれるままになっていました。この雄は自分より年上の雌に強く影響されていたので、シナのアストラに対する攻撃性が感染し、盲目的に味方をしたことも考えられるでしょう。これをどう分析したらよいのでしょうか？　シナについては、二次的な動機も考えられます。彼女は五匹の兄弟姉妹犬のなかで階級が最も下でした。特に他の二匹の雌犬から非常に抑圧されており、この二匹が初めて交尾をした時に、まだ発情すらしていませんでした。抑圧から解放されてから、シナはライバルに非常に敏感になっていたのです。

雄犬アストールの行動にも似通ったところがあります。父犬のアルテュスは、犬として非常によい性格を持っていたにもかかわらず、かつてほかの子犬を殺したことがあるのです。

これと共通したケースとして次のような例もあります。

アルタとアルテュスの両親で、毛並みが通常の雄犬モテュと雌犬タニラにおいて、雄が雌の真似をするのを見たことがあるのです。ある日、三カ月になるドイツ・シェパードが、すべての子犬がそうするように、交際を求めて友好的な態度で囲いに近づきました。タニラが子犬の差し入れた前足を柵ごしにくわえると、モテュもただちに子犬に飛びかかったのです。私は何とかして、モテュに子犬を放させようとしたが無駄でした。この小さな犬も死ななければならなかったのです。

ここで私が見たものこそが、犬に発生する真の攻撃性というものです。その時、手近にあった木の板をモテュの口に入れ、こじ開けようとするのが精一杯でした。それがうまくゆかず、子犬がひどく鳴いたのでモテュを殴りました。もし、彼が歯を緩めなければその頭蓋骨を損傷させたかもしれません。モテュは目も見えず、耳も聞こえず、痛さも感じぬといったありさまでした。これは一種の錯乱状態で、この危険な状態になると、犬は周りにあるものを手当たり次第嚙むものです。雄犬たちが闘争を開始した時、人が手を出すとひどいことになるのです！

この完全な錯乱状態というのは、これまた自然によって与えられた保護作用の現れであり、苦痛の感覚もなくなってしまうという観察が「種」内の争いを見ると得られるのです。これは前章で獲物に対する行動様式に関し述べたことと似通っています。

さて、死亡事件について最後のお話をしましょう。私の大きな犬舎の中で、また新しい雄子犬が生まれ大きくなりました。当初は両親が一緒でしたが引き離し、ディンゴとエルク・ハウンドの雑種を数匹中に入れてみました。これらは小さく、しかもおとなしい犬たちだったのです。翌朝、七カ月の若い雄子犬は嚙まれて死んでいました。その犯人が誰か判りません。雄なのでしょうか？　私が想像するところ、それまでそこの主であった子犬に、雄が権威を示そうとし、ついで、その雄との結びつきから、三匹の雌犬たちが加勢したのではないでしょうか？　もしかすると雄は、子犬の従属の態度で満足したかもしれないのです。でも雌が嚙み始めたので抑制が効かなくなったのかもしれません。

少ないページの中で手短に述べたこれらの物語は、犬におけるまったく平和な気性、非常に発達した社会的な行動、といった私の理解を放棄させるようにも見えます。しかし、これらは、百頭ばかりの成犬が犬舎にいた、六年にわたる期間に起きた事件のすべてであることを忘れてはなりません。したがって、これらは例外にすぎず、却って一般論を強固

私の犬舎で生まれた、ディンゴとエルク・ハウンドの混血犬の三代目の雄犬コール。自分の父親、クヌードが自分の犬舎に入って来たのを見て苛立っている。しかし、攻撃することは差し控え、背中の毛を逆立てて縦横に歩き回るだけである。

なものにする、とも言えるのです。犬は賢い動物だ、という私の考えには些かの変化もありません。しかし、これらの例は、同「種」内の攻撃性の問題に光をあてるものでもあるのです。

まず第一に、これらの争いにおいて、もし囲いが逃亡を妨げなければ、噛まれて死んだ犬たちは逃げ出すことができただろう、ということを考えるべきでしょう。犬が束縛されない自然状態で、こうした闘争が起きた時、通常死亡事故は発生しません。

また、既に述べたように、自然状態では、ほかの子犬が夫婦犬の領地に現れることもないのです。したがって、我々の所で起きた死亡事故は人為的な生活の結果にすぎないのです。この件に関連し、(新聞記者が活動を停止する) 真夏になると必ず新聞に登場する、狼やジャッカルに養われた子供のことなどについて、ちょっと脇道にそれた話をしてみましょう。こういう物語は、ネス湖の怪獣と同じで根絶することが不可能なのです。もっとも、後者は大型水棲動物かもしれないので、まだしも真実の可能性があるかもしれません。でも、人間の赤ん坊を受け入れる雌狼などはまったくお話になりません。雌狼は自分の子供であっても正常と見られる行動をしなければ脇に押しやってしまいます。ましてや、まったく異なる動作をする人間の子供をどうして受容するでしょうか?

それから、人間の子供を犬や狼の乳で育てることは勧められません。それは、他の乳と比較してアルブミン(蛋白の一種)が非常に沢山含まれているので人間の子供は中毒する危険があるからです。

いずれにせよ同「種」内における攻撃性は、ある群れが存続するための保障であり、社会生活における淘汰の要因なのだと私は考えています。このことは一見矛盾しているようですが、容易に説明できることなのです。

ある社会の運命は、支障なく共同生活を送るために、構成員が能力に応じた役割を果たすことに掛かっています。もし、狩りの最中、一匹が正常でないやり方をすれば獲物に逃げられ、狩りは失敗してしまうのです。また、もしある成犬が子犬に対し、悪意に満ちた行為をしたり、別の時は群れのリーダーの権威を認めぬような振舞を見せれば、これまた群れの存続を脅かすこととなるでしょう。

もし、グループのほかの構成員がこのような違反行為を見ても、「孤高なる個人主義者」と考え、肩をすくめるだけで何もしなければ、これまた、反社会的行為をしているのです。なぜならば、そのことが群れの存続の機会を減じてしまうからです。

したがって、こういう問題を解決する仕組みが不可欠になります。このような反社会的行為に対し、攻撃の衝動が現れるのです。このプロセスは次のように理解されうるでしょう。原則として、すべての個体は攻撃性を持っているのですが、通常は社会的な団結と鎮静作用、そして知能により抑制されています。もし、何かの遺伝的欠陥により、ある個体においてこの抑制作用が欠けると、ほかの個体に対する攻撃性を抑えることができなくなって闘争が起き、死亡事故が発生することもありうるでしょう。

しかしながら、少なくとも犬属の社会においては、この攻撃性に同胞を殺すまでの激しさは予定されていないと思うのです。自然状態においては死亡事故はまず発生しません。もし、年齢のため、あるいは受けた傷により、ある個体の行動力がひどく損なわれれば、死亡事故が起きないと断言はできないでしょう。しかし、これは例外中の例外です。このような例が本当にあると証明されているかどうか私は知りません。しかし、逆に、傷ついた狼に、ほかの狼たちが餌を運んでやることは観察されているのです（フォックス、一九七一年）。一般的に、ゴロツキが群れから追い出される時この攻撃の衝動は現れます。また、縄張りを守る時にも役に立つのです。隣の犬が領地を荒らしに来た時にこの衝動が目覚め、侵入者は攻撃され、自分の過ちに気づき急いで踵を返す。そうなれば攻撃意欲は急速に減退してしまいます。しかし、犬舎における事態は異なってきます。そこでは、群れに不要と見なされた個体を追放することはできないのです。その犬が逃げようとしても柵があります。当然のことながら、その犬がいつまでも囲いの中にいるので、ほかの犬の苛立ちはつのり、その結果攻撃性は増大し、ついには死を招くことになってしまいます。また、死亡事故は必ずしも牙によって起きるものでもありません。私はある日、八〇平方メートルの犬舎の中に、まったく共通点のない三匹の雌と一匹の雄ディンゴを入れました。この最も若い雌が序列の最下位となり、歩く時は背中を丸め尾を股に深く入れていました。この犬はこうして肛門分泌線から発散する体臭を隠そうとしているわけです。そして分泌線の内容物が外に出ないので、分泌線が膨れあがるほどになってしまいました。ほかの犬が近づくとへりくだった態度で仰向けになります。意を決して餌に接近すると必ず噛まれて追い払われるのでした。とうとうひどく痩せて、ほかの犬の糞を食べるようになりました。仲間の態度が変わらぬことが明らかとなったので、我々はこの試みをもちろん諦めました。このままにすれば、その雌犬はいつか栄養失調で死ぬに違いありません。また、この犬が正常に動けなくなり、服従の姿勢を取れなくなればほかの犬の怒りを買い、噛み殺されるかもしれないのです。

その犬を雄犬アルテュスの犬舎に入れたところ、もちろん善意をもって迎え入れられました。一週間もすると分泌線の内容物は排泄され、この雌は囲いの中で楽しそうにし、正常な態度を取るようになりました。七カ月後、彼女はアルテュスの子を産み、立派に育てたのです。前の犬舎では、全員別の家族から来ており、この雌犬が一番若かったので、序列の最下位になっただけのことなのです。

攻撃の衝動は一緒に育った家族の中では非常に抑圧されます。たとえば、ビョロンという犬の家族の場合、五〇平方メートルの犬舎にビョロン、ベンテの番《つが》いのほかに一二頭の犬がおり、それらはこの番いの二腹の子犬と、ベンテの孫犬たち——というのは彼らの父犬もリーダー犬のビョロンだったので——でした。

通常は不可能とされる、このように狭い犬舎における連続した共同生活の中では、攻撃性に対する抑制はより簡単に取り除かれるものです。しかし、この場合はそうはなりませんでした。この一四匹の犬はある夜、不届きな人間が犬舎をこじ開けるまで仲良く暮らしていたのです。番いの子供たちには実験のため幼時教育を施していなかったので、捕らえることができず、近くの狩猟家の手を借りることになってしまいました。でも、もし何事もなければ、この平和な生活が続いただろうと確信しています。父犬が施す、円滑な社会生活の重要な教育のおかげで、さらに三〇頭以上の犬がいたとしても、平和な生活態度を保持し続けえたと私は考えています。

もちろん、この群れは温和な羊の群れと同じではありません。攻撃性は存在するのですが狭い殻の中に閉じこもり、ほんのわずかずつしか現れてこないので、細かい行動を観察しない限り判別できません。また、攻撃の衝動には、ほかの本能と同じく、過度の蓄積をさけるために安全弁をもうける必要があるのです。

大きな群れのほうが、小さな群れよりもこの衝動を小出しにする機会が多分多いでしょう。

これを考えると、ほかに明らかな理由もないので、前に述べた致死事件のもっともらしい説明になるようにも思うのです。何人かの繁殖家は、明らかな動機が認められないのに、突然すべての犬が一匹を攻撃し、助ける余裕のないまま死亡させることがある、と述べています。これは、ある犬の犯した、我々人間には判らない過ちに対して、通常なら軽微な制裁を与えるだけで済むところが、死に至る攻撃となったものでしょう。攻撃の衝動が充分な捌け口のないまま蓄積した結果であることは確実です。家畜化の過程において、犬のある特定の性質を残すために、生来持っている一連の本能を尊重しないで淘汰をおこない、攻撃性を抑制する機能が退化するケースが多数見られるのです。このような犬の場合、抑制が減ずる結果、攻撃的興奮の敷居が低くなり、ほんのわずかな動機ですべての攻撃性が目覚めてしまうのです。

また、遺伝形質の変化により、神経機能の攻撃性を司る部分がより強化される場合もありうるでしょう。こうなれば、攻撃性の抑制機能が正常でも極端に攻撃的な犬が誕生することになります。しかし、どの犬が、どういう原因でそのような性質を持つようになったのか、等を判別するのは困難です。

第三に、遺伝とは関係なしに、攻撃性を身に付けることもあります。長い間狭い犬舎で過ごす、つまり不幸な環境で若い時代を暮らした犬たちの例がそれです。このような場合も攻撃性を助長することがありうるのです。

ベルヌに住むあるご婦人が、我々がほんの一〇年程度前からその存在を知りはじめた日本産の番犬である、素晴らしい秋田犬を連れてみえたことがあります。この大変落ちついた雄犬は、家族を守るためには攻撃的になりそうですが、とても小さな子供を嚙むなどとは想像できませんでした。

もちろん、その犬も元来、そんなことはしませんでした。家庭の子供たちと育ち、そのよい遊び相手だったのです。こういった理由から、この犬は麻薬中毒の子供たちの施設に連れて行かれました。心を病んだ子供たちの気を紛らわせようというわけです。最初はうまくゆきました。ところがしばらく経ってから、既に顔見知りの子供たちの所に呼ばれた時、突然一人の子供の頭部を、幸いなことに余り強くなく嚙んだのでした。皆が息を吞み、どうしてこんなことが起きたのか納得のゆく説明を求めました。その後しばらく経つと、また同じような事件が起きてしまいました。今回も頭を嚙もうとしたのです。この犬が子供たちに嫌悪の情を抱いており、ある一定期間我慢していたものが急に爆発したことは明らかでした。

このように精神を病んだ子供たちの施設で突然起きた事柄について、おそらくほかの説明はないでしょう。ある精神病医はその犬の飼い主に、時として、犬のほうが専門医より早く心の病を見分ける場合がある、と述べたのは的を射ています。

自分の周囲において、何か過ちが冒されると、犬は正常でない行動を取る傾向があります。犬の感受性を低く評価してはなりません。人間の場合は、理性が出来事を説明し、感受性に打ち勝つことができます。犬の知能は、しばしば驚くほど発達しているのですが、感もちろん人間のそれにははるかに及ばず、反対に感受性は人間と比較にならぬほど高いのです。

攻撃性が増大する場合

　さて、攻撃性を増加させる三つの要因があると説明しました。その内二つは遺伝的なものであり（抑制機能の欠落、衝動の過多）、もう一つは環境の不具合によるものです。特殊なケースを除いて、犬の攻撃的態度がこれらのどの原因によるものかを分析、特定することは、実際的には不可能でしょう。しかし、問題となる犬の先祖がこれまた攻撃的であったとするなら、これが遺伝によるものであることは明らかです。こういう犬を育てるような繁殖家は、私に言わせれば法の処罰を受けるべきです。今一度、騎兵大尉フォン・ステファニッツの言葉を引用しましょう。「犬にとって人間とは神聖にして冒すべからざる存在であるべきだ。我々はこの考えに基づいて若い犬を教育しており、たとえば、護身犬、あるいは飼い主の財産を守るという極端な目的がある場合以外、犬がこの概念からはずれることは許されない」。彼はこの名言をゴシック体で印刷させていますが、この言葉こそがすべての使役犬団体の旗に記載されるべきでしょう。不幸なことには、自分の周りにいる人間を凶暴に嚙むような犬でなければ満足しない輩がいるのです。極端な人は、自分や家族がこういう超攻撃的な犯罪者に嚙まれるのをむしろ誇りとしています。このような犬は必要以上に存在し、そういう犬を捜し求め、この嚙む性質が遺伝的に継承されるように繁殖に用いる人々さえいるのです。

このような性質がうまく子孫に伝わらない場合、一部の繁殖家は非常によくない方法で犬を育て、大変攻撃的な噛む犬に仕立て上げるのです。損害保険料が上がるとはいえ、こういう人たちは半ば法律で保護されているのです。

ある郵便配達人が私に手紙をくれましたが、西ドイツでは年間一万人もの仲間が犬に噛まれるそうです。まったくひどい数字です。無駄な苦痛を耐え忍ばねばならない人間の数のみならず、補償、治療に対して、あるいは働けなくなった人の代替者に社会が支払う金額のことを考えれば、このまま放置しておいてよいものでしょうか……緊急な課題ではありませんか。

正常な攻撃性を備えた犬も、人間を第二の同胞と見なし攻撃することもあるでしょうし、場合によっては攻撃の衝動の過度な蓄積に耐えられない場合もありうるでしょう。つまり、この本能の欲求を小出しにできないと、ある日爆発する可能性があるのです。

でも、ある種の遊びをしてやることで、この問題は解決することができるのです。

その一つは獲物を奪い合う遊びで、獲物の代わりに丈夫な袋や木の棒を使用するのです（引綱を使ってはいけません！　これにはほかの役割があるのです）。何かを奪うために争う、という遊戯を犬は大変好み、物を引っ張っているうちにだんだん激しさを増し、人がそれを取るとついには本当に怒り唸り、猛々しい叫びを上げたりします。これが攻撃性を危険なく小出しにさせるやり方なのです。庭の囲いの近くに来るほかの犬に唸るのも、この抑圧を解放する要素になるでしょう。

このようにして飼われている犬も必要な時には攻撃的になりえますが、それは状況に応じたものであり、必要以上に攻撃的にはならないものです。私に言わせれば、これが犬というものなのです！

このような例もあります。私の雌ドイツ・シェパード、ラナはグリュブミュルを訪れるすべての人に尾を振り、愛想よく迎えます。そして、好んで子供たちのところに行くのです。もし、子供が二つのグループに別れると、必ず幼いほうの組に参加します。ある日、子供たちはレック川に水遊びに行きました。もちろんラナも一緒で子供たちから目を離しません。彼女は群れを守る牧羊犬さながらだったのです。この時、茂みに隠れていた見知らぬ人が川沿いの道を歩き始めました。ただちにラナは立ち上がり、毛を逆立て、重々しく唸りました。その人は多分気づかないまま道をたどりましたが、人影が遠のくにつれ、犬の攻撃性も収まってゆきました。

正常な犬は、嚙む目的で見知らぬ人に飛びかかったりはしません。まず、態度と声で予告をするのです。犬の群れにおいて、各構成員はそれぞれが番をしており、何か異状があればほかの犬にそれを知らせます。そして、危険のある方角に向かって威嚇します。すぐに争うのは自殺するようなものなのです。また、物事を決めるのはリーダーの役目で、彼が闘うか否かを決定し、もし闘うならほかの犬も一緒に参加するのです。

実際のところ、我々は犬にとってのリーダーであるか、少なくともそうありたいと願っているわけです。ですから、我々が闘うかどうかを決めなければならず、闘うなら犬もそうするでしょうし、逃げると決めれば一緒に逃げるでしょう。

犬を飼い主の命令にもとづき作動する護身兵器と見なすのは大きな過ちだと私は思います。そう考える人は犬などに手を染めぬほうがよいでしょう。このような人は、安全な場所に下がっている飼い主のために犬は闘う、と思いたがるのです。確かにそういう犬も存在しますが、それは、銃口から弾を込める旧式の武器を思い起こさせます。そんな武器を使えば、まかりまちがえば自分に弾があたることもあるでしょう。

以上に述べたことは、一般的におこなわれている護身犬訓練方式に反するように見えるかもしれませんが、そこには別の要素があるのです。護身犬の訓練は、犬の狩猟の衝動に訴えるものなのです。一般的に言って、この衝動と攻撃性を混同し、狩猟行為は攻撃性の現れであると考える人が数多くいます。これは、犬たちが人間の言葉で「殺戮嗜好者」あるいは「血に飢えた者」と考えられていた時代の名残なのです。

これに関しては「狩猟者としての犬」で説明しましたが、ここでもう少し幅広い説明をしてみましょう。人間の役に立つさまざまな犬の行動を分析してみると、それは、同「種」内の攻撃の衝動ではなく、狩猟の衝動の現れであることに気がつくものです。これは噛み方で識別することができます。

種々の噛み方

噛み方には三種類あります。狩猟をする際、犬は動物の背部に噛みつきます。これは追跡している場合もそうですし、角を持った野獣が防御の姿勢に入った時、その武器を避ける意味もあります。獲物が大きい場合、野生の犬は例外なく好んで踵、脇腹、喉を選びます。

同「種」内の争いの時は喉を噛もうとしますし、人間を本気になって攻撃する際も同じであることは何回もの観察で判っています。

不安から人を噛む「恐怖による噛咬犬」は、危険なく容易に到達可能な手、脚を選びます。

したがって、喉を噛むことは生来の行動形態で、攻撃性と併存していることになり、犬にとってもはや制御不可能です。本当に攻撃的な犬は立っている人に飛びかかるものです。よく人間が腕を噛まれるのは、反射的に喉をかばおうとするからです。人間の自然の防御反応なのでしょう。

恐怖により噛む犬は姿勢を低くし、いうならば下から接近してきます。そして、相手に密着せずに噛む度に離れ、狐のように短く、素早い攻撃をするのです。

逆に人にしつこく密着しようとする犬は狩猟の技術を用いているのです。この技術は経験によって磨きがかかります。つまり、人を攻撃する犬は人狩をしているのです。この言葉にゾッとなさるかもしれませんが、かつて米国の奴隷の主人が、「血の犬」を使って逃亡した奴隷を狩りたてたことを思い出させます。現代においても、よからぬ人間から市民と財産を守るため、警察官の使用する護身犬が大変役に立つことが知られています。

さて、この「血の犬」の残酷な物語について、人々はまったく誤った考えを持っているようです。ブラッド・ハウンドと呼ばれるのはこの犬が血に飢えているからではなく、馬の場合と同じく、繁殖家仲間では純血を意味するからなのです。さて、合衆国南部の大綿農場の主が、逃亡した奴隷を探すのは、奴隷を八つ裂きにするためではなく、彼なしには仕事がうまくゆかないし、奴隷には莫大な元手が掛かっているからなのです。ブラッド・ハウンドは足跡をたどり、あるいは鼻を地面につけて、獲物を追跡するのが大変上手なのですが、見つけた奴隷を噛む気など毛頭ありません。

正常に訓練されたドイツ・シェパード、あるいはボクサーは、自分が釘づけにした相手を噛む心算はまったくありません。そうする理由がないからです。犬は狩猟の助けをすると同様に、相手を捕まえておくことだけを欲しているのです。それから先はリーダーの仕事ということになります。

結局のところ、よい護身犬は攻撃的ではまったくなく、狩猟への情熱が非常に強いということなのです。犬に本気で嚙まれたからといって、その犯罪人が犬を恨むことはできません。これは自己防御だからです。また、相手を拘束する意欲が余りにも強く、闘争が激しくなると必要以上に強く歯を立てることもありますが、これも余り責めるべきでないでしょう。犬が大いに喜んで、仲良く遊んでいる時でも我々が痛がるほど強く嚙む場合があるからです。しかし、ちょっとでも教えてやれば、ゆき過ぎたことが判り、それなりの反応を示すものです。

したがって、人を攻撃する訓練は、主人の命令に対する完全な服従で成り立っているのです。鍵のかかった庭に進入し、物置を物色する非行少年が、制御のきかない護身犬に即座に嚙まれ、裁判を受ける前に病院で治療を受けなければならないとすれば、それは、好ましいことではありません。犬は嚙まずに、その泥棒が逃げないように拘束しさえすれば、目的は充分果たせるのです。ですから、訓練において、被攻撃者が飼い主の制御に従わない犬に怪我をさせられるようなことがあれば、その犬には何かおかしいところがあるのです。このような犬の飼い主は追放されるべきでしょう。そして愛犬団体はこの種の犬の飼育をやめるべきです。我々が必要とするのは、利口で自分を制御できる犬であり、攻撃的な犬ではないのです。

腕に付ける防具は、狩りをする喜びの余りはやりたつ犬に歯を強く立てられないよう人間を護るものなのです。それは、悪い育てられ方をした、あるいは間違った方向に導かれた凶暴な犬から身を護るためのものではありません。公衆の敵である凶暴な犬に対する対策を講じ、人々を護るのが立法者の義務でしょう。

もし私の犬が言いつけを守らず、窃盗を働くことを好むなら、被害者はその犬を問答無用に殺す権利があるでしょう。しかし、悪い育てられ方や訓練をされた結果として、他人に対して攻撃的になってしまった犬の場合、問題が起きても補償問題は飼い主と保険屋の間で扱われるだけです。ただ犬が多数の人を噛んだ場合のみ法に訴えられ、飼い主は犬をしかるべき場所に置き、二度とこのような事件が発生しないように処置されるのです。

ここにおいても立法者は、よい護身犬、あるいは番犬は攻撃的であるに違いない、との間違った考えから出発しているように思われます。

確かに護身犬は噛むことが必要ですが、その噛咬は訓練によって抑圧され、正しい方向づけがなされ、完全な服従と結びついていなければならないのです。「噛む」ことは「噛咬癖のある犬」とは違うのです。「凶暴で噛咬癖のある犬とは誤まてる教育と接し方の結果である」（フォン・ステファニッツ）。これを理解できない人は護身犬をあやつることを禁止されるべきでしょう。

さて、物事を正しく見てみましょう。もし私が、自分の前から逃げようとする人を拘束する警察犬を持とうと思うなら、専門の協会のおこなっている適切な訓練の結果に期待せざるをえないのでしょう。

しかし、もし悪者に脅かされた時、自分を助けてくれる犬を欲しいと思うなら、遺伝的によい性質の犬を選び、私と心身が一体となるようにするでしょう。したがって特別な訓練は必要ではありません。犬と私の結びつきが充分強く、犬が攻撃性に目覚めた時でも私の声に注意を払い、それに従えば充分なのです。時によっては、自己防御反応が必要な程度を越えることがあるかもしれませんが、過度の自己防御反応を犬が持っていることが絶対必要というわけではないのです。私を害そうとする人間が闘えぬ状態になるか、あるいは、犬が彼を脅かし、動けなくすれば充分です。噛み殺すなどは無用のことであり、悪者の処罰は裁きに任せるべきです。そしてそれは裁判所の役割で我々の犬の役目ではありません。

第四章　友としての犬

片時も忘れえぬ私の友トーマス

一九七二年一二月一一日に、私は一匹の黒色ドイツ・シェパードを贈り物として貰いました。血統書はなく、その外見はこの犬種のスタンダードと大分かけ離れており、専門家が見れば顔をしかめそうな犬でした。歩き振りは狼に似通っている嫌いがあり、耳はやや大き過ぎ、頭は非常に鈍重な感じなので、これは、シェパードとグレート・デンの混血ではないか、と言う人がいる始末です。

犬の名はトーマスでした。受け取った時には、一八カ月とのことでしたが、六カ月までは、餌よりゲンコツを多く与えるタイプの人に飼われていたのです。この犬に肉体上の欠陥がいくつかあったのは、おそらく、若い時の栄養の欠乏のためでしょう。若い時の食物の問題だけでなく、その犬の社会的な位置づけの与える影響が、長い間尾を引くことはよく知られています。

さて、この惨めな子犬時代の後、彼は私の前の飼い主である、ある夫婦に貰われました。彼らは大変な犬好きだったのですが、二人共仕事を持っていたので、トーマスは一週間の内、五日間は小さな犬舎で過ごさなければなりませんでした。六日か七日目にならないと出してもらえず、それとても、ドイツ・シェパードの訓練学校に行き、護身犬訓練をするための外出でした。

夫婦は一年間訓練を続けましたが、うまく行かないので、この「駄目犬」を私の所に持ち込み、かわりにもっと見込みのありそうな若い犬を入手したという次第です。もし彼らがこの本を読み、私とトーマスがどんな暮らしをしているか正確に理解すれば、自分たちの行為に恥じ入り、今度の犬がまた「駄目犬」だとしても、まさか私の所に持って来たりはしないで、別の貰い手を探して再び別の犬を入手することでしょう。彼らは以前にもシェパードを飼ったことがあったのですが、トーマスのような経歴を持つ犬を、本当の人間の友にするのは容易な技ではありません。

トーマスは、脅え、背中を丸め、怖がり、神経質で、ちょっとしたことでも逃げだす、という態度でわが家に到着しました。彼は、悲劇の見せ場を演出してくれたのです。

グリユブミユルは沢山の犬舎に囲まれているばかりでなく、その建物自体がまた犬で一杯で、彼らは自由に歩き回り、夜になると一階の廊下から台所まで、そこかしこで休息をとるのでした。一言で言えば、屋根裏まで犬で一杯なのです。ただ、人間の姿をした二匹だけは自分の寝室を持っており、廊下は産褥室になっていることは既にお話しした通りです。私は、少なくとも二部屋だけ、犬のいない場所を作ろうと考えていました。私は犬たちに少しばかりの寛大さを要求したのです。犬の最も頼りになる友人でさえも、一人になる場所が必要なのだよ、と。

ところが、ここでこの哀れなトーマスが現れたのです。彼の気落ちした様子を見ると、私は自分の要求をあきらめ、この犬に、人間との共同生活とはどんなものなのかを教えてやらずばなるまいと決心した次第です。半日経つと、この犬はそれを理解し、今日に至るまで私から離れたりはしません。私のいるところにいたがるのです。何処に行ってもついて来ます。もちろん、そうしているうちに、私が何かを探して、直ぐ戻って来る場合があることも判ってきたようです。「すぐ戻って来るから、待っていろ」と言えば、戸口から離れ、自分の場所に戻り、私が気の向くままに階段を昇り降りするのに、一々付き合う必要がないことも判ったのです。

最初の数週間、訪問客があると、トーマスは悲しげに鳴き、尻尾を股に挟み、大きなテーブルの陰に隠れました。少し経つと、客に向かって吠えるようになり、尻尾も股に挟まず、隠れたりもしなくなりました。最近は、何人かの客に向かって吠えることもありますが、これも、習慣からで、私がたしなめると鳴きやみ、私の椅子の脇で横になります。私が一定の時間、客と話し込むと、彼は立ち上がり、客の臭いを嗅ぎ、遊び相手になってくれないものか注意深く確認するのです。彼は充分自信を取戻したのであり、外見上も、同じ犬とは思えぬほどになりました。私が一言いえば、それが小声であっても、彼を足元に呼んだり、自分の場所に帰らせるに充分であり、それも、命令なしで自然におこなわれさえしたのです。また、私が電話をかけている間にサンドイッチを盗んだりする悪事を働いた、という自覚のある時以外、卑屈な態度を示さなくなりました。彼はくよくよせずに私の命令にいつも従うようになったのです。

彼の態度は、ロビンソン・クルーソーのフライデーを思わせました。クルーソーに一命を助けられたフライデーは、ごく自然に自分を彼の所有物のように見なすようになった、とデフォーは描いています。

私の記憶が正しいとすれば、フライデーは、人食人種である同胞の手元に返されるのをひどく恐れていた、とこの素晴らしい本には書かれていたはずです。

さて、いずれにせよ、トーマスが家に来てから九カ月ほど経って、私にこの犬をくれた婦人が訪ねて来ました。トーマスは恐怖のため我を忘れて最大限の慌て振りを見せ、その様子は家に到着以来、いかなる訪問者に対しても見せなかったほどでした。おかげで、雰囲気は非常にまずいものとなってしまいました。というのも、この婦人自身は善意から我が家を訪れたからです。彼女は自分流ではあってもこの犬を愛していたので、どんな塩梅に暮らしているかを見に来たというわけです。彼女が、犬が以前にもまして臆病になった、という印象を抱いて帰ったことは確実でしょう。

彼女が立ち去った後でトーマスは、犬が見せうるすべての愛情の表現を示しました。回りを飛び跳ね、私に飛びつき、軽く噛み、ここにいるのがどんなに幸せなのかをはっきりした態度で示したのです。この日以来、彼は以前にもまして献身的になりました。

犬同士の友情

さて、「片時も離れぬ私の友人」としてトーマスが家に来てから約八カ月が経過した頃、大変親切な友人が、八カ月齢で、立派な血統書つきのアレマン・オブ・オイムジャコン系統の橇犬を一匹くれました。この犬の成長振りは素晴らしく、まったく欠陥がないと言えるほどでしたし、必ずしも常にある事ではないのですが、真面目な人たちに育てられており、非常に人なつっこく、自信に満ちあふれている……こういったことから、この犬をくれたカール・ハインツ・ツィーゲレとその家族に一度ならず感謝しなければならないのでした。ロシア人はこの狼の目をした誇り高い犬たちをハスキーと呼んでいたので、私は短くしてハスと名付けました。彼もまた、私の親衛犬となる運命だったのですが、トーマスは当初、やや斜に構えて彼を観察していました。しかし、トーマスはハスがまだ若い犬であること、また、私が愛するものは否応なく自分の生活の中に入ってくることを理解していたので、ハスを受け入れたのです。ハスは自分の新しい生活環境にすっかり満足し、そのことを愛情深く、優雅な身振りで示しました。彼はトーマスを楽しい玩具と考え、それ以上には扱いませんでした。ところが、ある日、それまで、おそらく私に対する愛情から、この若い無礼者を大目に見ていたトーマスが、この若犬が余りにも自惚れているのを見て怒りを爆発させたのです。彼はハスをくわえ、この場所では誰が親分なのか明確に教えてやりました。その様子は荒々しく、危険ですらありました。

私がもう少し若ければ、すぐに飛びついて、名もないシェパードの歯から、貴重なハスキーを救い出したかもしれません。でも、私はそうせず、静かに座ったまま、「まあ、お前もここで、犬の掟を少し学ぶか、犬であることを辞めるんだな」と呟いたのです。

私は間違っていなかったようでした。大変幸運だったとも言えるでしょう。というのは、私が今、自分の行為を自慢できるからではなく、もし私が間違っており、その時点でより強力なトーマスにツィーゲレの貴重なハスが嚙み殺されたりしたなら、薄笑いを浮かべた彼に間違いなく私は殺されていたと思われるからです！

しかし、ハスキーには何事も起きませんでした。引っかき傷一つさえも。それどころか、トーマスに対する彼の態度はまったく変わり、二匹はこの上もない親友になったのです。現在は、毎日二匹で愛情にあふれる遊び方をしており、見ていて実に楽しいほどです。ハスキーは年上の雄犬に対し非常にしばしば愛情を表現しますし、トーマスはより控えめに、より大人の仕草、つまり父親のようなやり方でそれに応えるのです。その後トーマスより大分強くなったハスは、腕白遊戯の間、先輩を強く引っ張ったりするようになりましたが、トーマスは心から笑って受け入れる風でした。ハスがよその犬と力比べをして耳の付け根に切り傷をこしらえたことがあります。この時トーマスは、慈悲深い、病人を看護する修道女のように、その傷をいたわってやったのでした。彼はいつも、いろいろな角度から傷の様子を観察し、それがかさぶたになるまで注意深く嘗めてやっていました。

今述べた状況とまったく反対に、雄を二匹同じ家に持っても巧くゆくことは滅多にないから勧めない、と私が言うのはどうしてなのか、と多数の人々が聞くに違いありません。それは判っているのです。だからこそ、トーマスとハスの例は私にとっても試練だった、と答えているのです。同時に、トーマスはその頃までに、大変社会的で、正常、そして本能も確かで、何より私に献身的になっていましたので、本当に攻撃的になっても、我に返らせることができたのです。ハスも同じで、まったく正常な本能を持っていて、よい環境で育てられていました。一般的に、ある犬について、性格や前歴に関するようなことすべてを数日で観察するのは困難なのですが、ハスの場合はそれが明らかでした。結論として、私は間違っていなかったのです。

一方、知ることのできない前歴によって、何らかの欠陥を隠し持った犬にぶつかる場合もあります。経験からすれば、三分の二の犬の社会的行動は誇張ではなくまったく問題がありません。私が、「既に相当以前から、一匹の雄犬が家にいるところに、四カ月以上になった雄犬を同居させるには注意が必要だ」と申し上げているのは、そのうちの一匹の社会的行動が正常でない可能性があるからなのです。私の書類ファイルには、こういうケースを示す沢山の手紙が保存されていますし、私自身、いくつもの例を観察しています。

こういう例もあります。奇妙な運命の定めから飼い主を失った二匹の雄コリーが、数日の間隔をおいて私の友人、ウォルフガング・アレンツに引き取られたことがあります。彼は警察に申告をしましたが、飼い主は現れませんでした。最初に飼われた犬は、もちろん、後から来た犬と同居するのを快く思わず、二匹の間には激しい喧嘩が絶えなかったので、アレンツはその一匹を一時両親に預けなければならないほどでした。ただ、車に乗せた時と、見知らぬ場所に行った時だけ、二匹はどうにか相手を受け入れたのです。つまり、彼らの喧嘩の原因は、家における権利の問題でした。したがって、二匹を遠出に連れ出すことには問題がなかったのです。ところがある日の外出中、片方の雄が見知らぬ犬に攻撃されたのです。もう一匹がそれを見るや否や、家ではこんなにも嫌っていた仲間のために救援に駆けつけ、共同して闘った結果、攻撃者を退散させることができました。

さて、この事件以来、二匹は友人になりました。家庭における権利の主張も、敵意もなくなってしまったのです。以降、二匹は同じ群れに属する同僚になったわけです。この件について、どういう結論を学ぶかは読者にお任せしたいと思います。私はこの出来事について、科学的な客観性を持って分析したり、原因を明らかにすることを断念します。我々の研究というのは、完成の域にはほど遠いものであることを充分承知しているので、繊細な蜘蛛の巣をスパナーで扱うような真似をしてはならないと思うからです。

職業上の理由から、私の近著を読まざるをえなかったある婦人が私にこう言ったものです。

「私は犬が嫌いだと考えておりましたから、犬に関する書物を読まなければならなくなった時、大変に不愉快でした。ところが、この本を読み終えた今、私は犬が好きになった気がするのです。私が犬嫌いだった理由は、変質させられ、不自然で、本能を持たない、世間では犬と呼ばれている生き物しか知らなかったからだということが判りました」（傍線・訳者）。

犬への愛着

さてここで、私の仕事の動機がいかなる理由によるものかをご説明しようと思います。私はいつも、自分の仕事を、「家畜化についての研究」と説明しているのですが、別の言葉で言えば、自然がなそうとした事を追求する仕事なのです。こうした探究は結局のところ、難解な理屈が支配しているこの世の荒廃した嘆かわしい状況から逃れ、自然の世界に逃避するための言い訳かもしれません。自然界においては、攻撃の抑制と、社会的団結を目指す行動が基本となっており、それこそが将来の社会の発展の基盤なのです。このように考えると、私自身、ルンペンやヒッピーに近いのではないかとすら思う時があります。

近年、人々の犬への愛着が大変大きなものとなっていて、このブームにいい加減な商売人、あるいは通信販売をおこなう非常に立派な商店が便乗しています。この愛着というのは、理屈のみが横行した結果、誤った道を歩んでいる人間世界に対する反動以外の何物でもないでしょう。さて、無配慮な繁殖のくり返しと金儲けの結果生まれた、程度のよくない犬を入手させられた不幸な人は、必然的に、「原始的な犬」を求めることになるのです。しかし、これがまた、嗅覚の鋭い一部の商売人に新しい道を開く結果になってしまいました。彼らは、いったいどこで、いまだに変質させられていず、頼りになる連れ合いとしての犬を探し出したのでしょうか？　簡単に言えば、極北地方です。そこでは、狼の血の混ざった、困難な任務に耐える橇犬を見つけることが可能でした。このようにして、極北犬ブームが生まれたのです。

究極的には、それは楽しいことのはずです。というのは、この犬たちには人からもてはやされる値打ちがあるからです。しかし、極北地帯に住む人々に、自分の最良の犬たちと別れる気がないことも念頭におくべきでしょう。また、彼らも、犬で儲けられることに気がついたので、米国、英国市場にはこの種の犬が氾濫し、ヨーロッパ大陸にブームが到来する前に、既に犬の数は過剰となってしまいました。ただ、幸いなことに、現在も、極北地帯の真面目な繁殖家の所に犬探しに出かける人々が後を絶たないので、流行が道を踏み外さぬ限り、万事はうまくゆくかもしれません。

このような理由から、犬の友人の多くは野生の犬を好むようになっているのです。もし、私が犬を単なる商品と考え、無条件にディンゴをアパート犬として推奨していたら、これまでに数百匹のディンゴを販売できたでしょう。

でも、経験豊富なエリック・ツィーメンがそれをしないように、私もディンゴを売ったりはできないのです。しかし、一方で、変質されていない野生犬愛好家は存在し、将来増大しさえすることでしょう。

ここから、明日の犬種を育ててみたい、という私の希望が生まれるのです。といってもそれは、野生の犬を連れてくることとはまったく違います。ただ、繁殖家に、犬のまがい物（傍線・訳者）ではなく、現在存在する犬種の枠組みの中で、健康で、確かな本能があり、犬世界の規律に則り社会性豊かで人なつっこく、同時に利口でもある犬を作るよう要求することなのです。

この望みがまったく叶えられないのなら、私は犬の研究から手を引きます。私は純血種の犬の絶滅に加担していると非難されていますが、根も葉もない言いがかりです。私が望んでいることは、純血犬、すなわち家犬の代表選手たちに、本来取り戻されるべきもの、つまり、健康で正常な自然の姿を与えることなのです。今日においても、それはまだ可能です。というのは、多くの純血種の繁殖家が信じないとしても、私は、健康な遺伝要因を充分備えていない犬種は一つも存在しないと考えるからです。

もちろん、自然に近い犬を好まず、飼い主が面倒を見ない限り自分の身を守ることもできない小さな造作物を好む人も沢山いるでしょう。このように、毎日獣医の元に通い、高度に文明化された手当てがなければ生き延びられないような、極度に変質させられた犬を飼いたがるのは、世話をしたい、という自分の潜在的欲求を発散させるためなのです。そして、そういう必要のまったくない犬すら、同じ扱いを受けてしまうのです。

この飽くなき世話焼き衝動には、他のはけ口を見つけてやることが必要でしょう。この消費文明の世界では、こんな風に手厚く面倒を見てもらうことのない人間の子供が沢山存在するのです。「動物愛護」の仮面を被ったこの欲求は、もちろん二次的なものにしかすぎないでしょう。でも、個人的には、犬に生まれたとしても、こういう傾向のある主人のところに貰われたくはありません。もし、世話を焼かれたり、可愛がられたりするのをひどく嫌っていたら、今の私はなかったでしょうけれど、面倒を見るという行為は、私という個性を失わせない範囲のものでなければ困るのです。犬についてもまったく同じことが言えるでしょう。

「犬に対する愛情」としてここで紹介したものは、自分の行為を正当化する理屈づけと密接な関係があり、ここでこれについて述べるのは明らかに一種の脱線であることを認めます。しかしこの理屈の名の下に、抑圧された欲望、仮面を被ったよからぬ感情、あるいは、周囲の人に誇るべき「犬の友」と見せるために隠しているものなどがひそんでいるのです。この理屈づけをおこなうことで、劣等感を、「護身犬」の訓練などで代償させているのです（気づいていない人々もいますが）。また、その理屈の下で、繁盛している犬の商品化を、儲けを考えない純粋の理想と偽っているのです。

私は、「汚らわしい」というひどい言葉こそを、このような行為に投げつけたいと思うのです。といっても、当事者たちには届きはしないでしょう。彼らにこの本を読む気持があるとは到底思えませんから……。

私は人間と犬の関係の醜怪さ加減について話しながらも、「友としての犬」という表題について考えています。理屈の過大評価と、理屈による好ましくない面の隠蔽などから生まれたこの関係こそが、変質されていない犬本来の性格が我々に与えてくれるであろうものを目茶苦茶にしている可能性があるのです。もし、犬にそのようなとらえ方ができるとすれば、彼らは我々を神の如き存在として受け止めています。そして、我々に対するまったく私心のない友情こそが、犬たちの与えてくれるものなのです。二本足の「超首領狼」が狼の本性に合致した事をしてやると、我々を神ととらえるに似た何かが、彼らの心の中に象徴的に根を下ろすのです。

しかしそれを実現するためには、熟考を重ね、どうすれば犬の中にある本来の能力を害することなく、それを発展させてやることができるのかを理性の力を借りて研究する必要があるのです。こうしてこそ、われわれは犬の真の友人になれるのでしょう。

人間の理屈と犬の社会的行動

精神的に調和のとれた犬の脳の識別能力を過小評価してはいけません。その脳は、社会的行動と結びつかない理屈というものには支配されていないのです。彼らにおいては、社会的行動が一番重要なのであり、もし、犬が理にかなった行動をしたとすれば、その行為は社会的行動に深く根ざしたものとして、我々の教訓となるものです。

一例をあげてみましょう。私の息子、ジークフリードは九歳ですが、自分を強く見せたい、という願望を常に持っていました。さて、彼は生まれつき、本当に動物が好きなのですが、その頃は三歳になった雄ディンゴ、モテュを檻の外から驚かせることをこの上ない楽しみにしていました。息子は両手を広げて犬舎に飛びかかり、犬が尻込みすると満足するのです。多分こうして、自分がとても強いのだ、と感じていたのでしょう。

ある日、どうしてもその犬舎を掃除する必要があったので、五人の子供を中に入れました。ジークフリードもその中にいました。モテュは最初、子供たちに飛びつき、顔を嘗めようとしましたが、ジークフリードがいるのに気がつくと別の行動に出ました。モテュが腿と腕にやや強く歯をたてたので、息子は退散せざるをえませんでした。モテュはそれまで子供を嚙んだことは一度もありませんでした。この時は一回だけ、強めに歯をたてたので、ジークフリードの体には四つの跡がついただけでした。もちろん、もっと強く噛むこともできたのですが、そうはしなかったのです。

ジークフリードの行動は必ずしも、罪の軽いものではありませんでしたが、モテュは本気では噛みませんでした。でももし、私が息子と同じことをしたなら、いくらこの犬を幼い時から育てたのが私だとはいっても、モテュに抑制作用は働かなかったのではないかと思うのです。

動物におけるこの行為は「類縁による抑制行動」と呼ばれます。もちろん、犬の識別能力は人間のそれとまったく異なるものです。人間と犬の行動基準は、系統学的に見て同じ起源から生まれたものではありません。両者の行動基準は、生存にかかわる必要性から生まれ、平行して発展はしましたが、脳の発達度合いによりまったく異なったものとなってしまいました。

犬の脳髄は人間のそれと比較して取るに足りないほど小さいものです。しかし、脳髄の増大によって人間が得たものは、社会的団結に向けた行動形態にはほとんど関係していないのです。この巨大な細胞の塊は非常に高度な働きをするようになってしまい、生命の維持、という基本的な部分と関係を持たなくなってしまいました。人間の脳髄においては、元来その起源がないはずの疑似合法性が幅を利かせ、「種」の維持の本来の原則を裏切るようになったのです。このようにして、水素爆弾の製造が、興味ある科学的な目標となってきているわけです。

　長年、犬と暮らしてきた人間の脳髄のたどった道はひどく奇妙なものではないでしょうか。しかし、実際のところ、生来の性質により、人間に対して鏡の役割を果たしてくれる動物は、犬以外には存在しないのです。

　このことを既に費やした数ページと結びつけてみましょう。犬を研究することは、その本来の性質を把握するに止まらず、好むと好まざるとにかかわらず、我々人間そのものを探究することなのです。我々の犬たちは本を書くことはできませんが、同時に、正常、健康かつ自然なものを、抽象的なもので破壊することもありません。彼らは、意味も目的も持たないその精神のおかげで、抽象的なものを周囲に押しつける必要がないのです。彼らにとって肝要なのは、遺伝として受け継いだものが試練を受ける現実の場のみなのです。そして、遺伝によって伝えられたものが不充分であれば、経験によって得たものを子孫に伝えていくわけです。

　だからこそ、犬は友情を持つに足る存在なのです。経験を持つ個体の優位性が認知され、かつ敬愛されることが、社会的存在における基本的図式なのであり、このようにして社会的行動への道を歩んだ「種」のみが生き長らえているのです。

　蜜蜂あるいは蟻の王国について論争を挑む人がいないことを願います。かの王国における秩序、あるいは意味のある協力関係は、社会的行動とはまったく関係のないものなのです。踊りを踊り、仲間に蜜の在り処《か》を教える一匹の蜜蜂の行為は社会的行動ではなく、単に本能に導かれたものにすぎません。他のどの個体もまったく同じ行動をします。満足するまで踊り続けるのです。これは、「種」維持のための共同作業をおこなうのとまったく別のもので、彼らは、本能の命ずる道に従ってのみ発展してきたのです。

高等哺乳類は、遺伝的本能より脳の学習の可能性に重点を置くことで、より優れた適応を目指す社会的行動を発展させてきました。それこそが、「高等動物」のゆえんともいえるのです。摂取食物に順応するために、彼らの柔軟な対応が発達してきました。狼の献立は、茸、漿果から始まり、鼠等から、大鹿、野牛のように大きく、自衛能力のある動物に至ります。これは、本能のみではなし遂げられる事ではありません。ある事を学ぶ能力は、目的を達成するためにより高められていくのです。

しかし、各々の学習した事が各個体とともに滅び、新しい個体は長い時間をかけて新たに経験を積まねばならないとすれば、その「種」の発展には役に立たないでしょう。真の進歩は、ある個体が学んだ事が、若い世代に伝えられることによって成り立つのです。

子孫にある知識を伝えるためには、若い世代にそれを受け入れる素地が必要です。しかし、その素地は、年長者の経験を受け入れるものでなければなりません。換言すれば、学習するために生まれた子孫は、生存の闘いにおいて、より経験を積んだ年長者の権威を理解し、受け入れていかなければならないのです。

権威と「種」の維持、あるいは年長者の経験

自分が時間をかけて必要な知識を蓄積するまでは、他の個体の知識を尊重するという行為は、種々の動物を生かしめようとする自然の数多い配慮の一つです。この点においては、人も犬も基本となる枠組みは同じで、経験豊かな個体を尊重します。それがすべての教育の根本なのです。

知識が伝達されるにはこの方法しかありません。伝えられた知識が自分の経験によってより豊富なものとなり、それでこそ生き延びていくことができるのです。

こうして、人類最初の木器文明が、ＮＡＳＡのアポロ計画にまで発展してきました。また、この方式によることで、狼、ジャッカル、コヨーテなどが、環境が大きく変化しているにもかかわらず生き延びてこられました。本能のみにたよっていたら、このような変化を乗り越えることはできなかったはずです。各々の動物が少しずつ学び、子孫に伝える。この結果、北極圏から始まり、北半球全部と、インド、東アフリカの熱帯地方にまで、犬属は生息可能となったのです。

社会生活を営み、学習をおこなう生活形態において、権威を認める態度が必要であることはいうまでもありません。群れで生活する犬属は人間と同じく、この生活形態をとっています。このためには、まず学習する喜びが存在し、ついで教えるという性質がなければ

なりません。この相互作用があってこそ、この生活形態は、初めて成り立ちうるのです。

　こうした理由から、犬は我々に対し忠実なのです。彼らは、人間の優位を認めており、我々は権威そのものなのです。このことは簡単に証明できるでしょう。ところが、頭を叩かれない限り犬は飼い主の権威を認めないものだとでもいうかの如くふるまう人が沢山います。こういう人たちは、腕力によってしか犬を服従させられません。鞭が飼い主の優位を示すものである場合もあるでしょう。しかし、それは、手元に鞭がある間だけの話です。極端に人工的に淘汰され、このような仕打ちを我慢できる犬の場合を除いて、ある日、自分が飼い主の専横についてどう考えているかを、牙を用いて示すことになるでしょう。

　さて、少し頭のおかしい一匹の狼がうろつき回り、出合った子狼たちに、群れの首長の権威を認めるなどおよそ意味がない、と教えて歩いたと考えてみてください。そして、勉強好きの子狼たちがそれを信じたとすると、何が起きるでしょう？　彼らは年長者の教えを守らず、自分の首長から離れ、自分たちの経験を持ち寄ることになるでしょう。もちろん、それぞれは相当の経験を積むに違いありません。たとえば、一匹は熊が狼よりはるかに強力だと学ぶだろうし、鷲は自分たちより強い、蝮には毒がある、天狗茸は猛毒だ、と知る子狼もいることでしょう。

　問題は、このような重要な体験が、その子狼の命と引換えにおこなわれるとすれば、狼は繁殖し、「種」を維持できるのか、ということです。何度も吠え声で注意しているにもかかわらず、何が何でも蝮と遊びたがる子狼を見た父狼はどうするでしょうか？　父狼は子狼が噛まれるのを黙って見ているべきでしょうか、それともその餓鬼の首をつかんで、遠くにほうりなげるべきでしょうか？　たとえ、後者が、一部の教育者の目には抑圧的に映るとしても、これが「種」の維持を可能にしているのではないでしょうか？　最近ある新聞記者が私に、権威主義的教育に賛成か反対かと質問したので、私は躊躇なく、「権威主義的教育に、確固たる信念で賛意を表します」と答えました。

私は一生物学者として、このような教育方式によってのみ、人間は今日まで生き延びられた、ということを知っているのです。権威を認めなければ、先達が学んできたことを失うだけなのです。教育理論家の幾人かは耳を傾けないかもしれません。でも、若者にはそれが判っているのです。若者の周囲が、自分が生き延びるための模範とはならず、導いてくれることのできない人ばかりなら、若者は犬と同じように自分が大将になろうとするでしょう。飼い主が犬の友情をかち得るには、犬に支配されず、犬にとって信頼するに足る権威の持ち主でなければならないのです。犬は、自分がその必要性を感じない限り、群れの首長になろうとは考えません。犬がその地位を狙うのは、首長がいないか、死亡したか、あるいは何らかの理由で、首長がその地位にとどまることができなくなった場合だけです。首長が正しい意味での権威を示すことができれば、彼は他の犬から愛され、尊敬され、そして首長として認められるのです。首長の知識と能力――それが価値あるものであることは首長がそれまで生き延びたことで証明されているのですが——はその部下たちが彼の指導のもとで正しい道を歩めることを保証しているのです。

犬という高度に社会的な動物の反作用の一つは人間に危害を与えることでしょう。生まれながらにして社会的動物である犬は、経験を持つ者の権威を敬う習性があるわけですが、その者が犬の要求に応えられない時、この尊敬は当然のことながら、ぐらついてしまいます。新聞を読むと、犬が子供や大人を殺したという種類のさまざまな記事に出くわし、罪は犬にあると簡単に決めつけられてしまっています。

また、このようなニュースを読んだ人の中には、犬は自分の罪をおそらく認識しているだろう、と言う人々もいます。これは、両方とも間違っていると思うのです。犬が人を殺すのは、犬に精神的欠陥があるか、あるいは人間の精神的残虐性の結果なのです（傍線・訳者）。私は人間とその行動を考慮に入れずに犬を論じることはできません。なぜならば、この二種の動物の反応はきわめて似通っているからです。人間社会において、近代の裁判は、欲望の異常が事件の原因となる場合と、周囲の無理解による場合とを区別しています。しかし、不幸なことに、多くの人はこの区別を認めようとしません。彼らこそが、多数の同胞を非社会的行動に走らせているのです。我々の社会は、こういう無理解が存在する事実を知ってはいます。ここで興味深いのは、人々が、この無理解と、我々の忠実で献身的な友であることしか考えない犬に対する無理解とをどう比較しているかなのです。

もし犬に、次のようなことがふりかかったらどうでしょうか？　ある子犬が結婚したばかりの優しい夫婦のところに来ました。彼らにとって、犬こそがすべてでした。犬は、まだ完成していないこの夫婦の家庭で、子供そのものだったのです。犬にはすべての権利が与えられ、ベッドで休むことすらできました。ところが、二年たって赤ん坊が生まれました。信頼するに足るように見える医学書を読むと、赤ん坊をあらゆる手段で細菌から守らなければならぬ、と書いてあります。非常に立派なお医者様たちはこうおっしゃる。「犬に注意！　細菌の保持者である！」。犬があらゆる悪の根源と考える人たちもいるのです。若い夫婦にとっては、この赤ん坊こそが一番重要――少なくとも私はそう思います――なのですから、彼らは犬を追い出し、子供からできるだけ離すようにしたのです。それも細菌の故をもってです！　ある日、この犬が赤ん坊が死ぬほど噛んだとして、どうして驚くことがあるでしょうか？

犬を友人と思っているなら、家族の一員としての犬に赤ん坊を紹介し、犬が新しい義務を果たす、つまり、赤ん坊を守り、面倒を見るように仕向けなければなりません。なぜなら、正常な犬はこのような場合、そういうことができるものなのです。しかし、それまで犬が保持していた地位から追放し、新たな家庭には犬が参加するのはよくないと考え、追いやるような態度に出るなら、それは必ずや犬に、敵意のある行動を取らせるに違いありません。

では、どうしてこのような事件が起きるのでしょうか？　それは医学界の一部に、犬は人間の排泄物などの臭いを嗅ぐから危険な病原菌を保持している、との抜き難い偏見があるからです。数年前、『動物たちとの生活』という本を著したところ、ある医師から手紙が届きました。大変丁重な手紙で、最初の数行は、動物の行動やその飼育についての私の記述を称賛してありました。しかし、手紙には批判が含まれており、私はその本の中で、動物の飼育には数多くの危険が伴うと記述すべきであった、というのです。彼は、いくつもの感染の可能性を数え立て、あたかも、私が直ちに、新聞、ラジオ、テレビなどを通じ、私の本は伝染病源について考えずに書かれたものだ、と人々に訴えなければならないかのようでした。それというのも、その本の中で、子供たちが動物に頻繁に接することの重要性について書いたからなのです。

不潔さは絶対に必要である

ある日、育児補助センターの婦人が私を訪ねて来ましたが、私に七人もの子供がいることを考えれば不思議なことではありません。たびたびお話ししたように、子供部屋の隣には出産を観察する犬舎があるのですが、これを見たその婦人は眉をひそめたのです。もし、公衆衛生事務所に、犬を飼育している別の婦人がいなかったとするなら、いわゆる、犬が保持するといわれている細菌が危険だ、という理由から、私たち家族にとって面白くない結果が生じたことでしょう。

上の子供たちが大きくなってから、私は今までと違ったやり方を試してみました。雌犬の出産が近づくと、犬を子供部屋に入れるのです。なぜなら私は、生まれたばかりの子犬は子供に触られたとしても、病気に感染するとは思わないからです。その考えは間違っていませんでした。

さて、私の子供たちは生まれてから一度も病気になったことがありません。頭や体のどこかに穴があいても、かさぶたになってそのまま治ってしまうのです。

多数の読者がご存知のはずの、有名なコメディアン、ヒルデ・ミクリッツ・ラデスキーは私にこういった手紙をくれました。

「普通に生活しているアヒルやガチョウたちは、しょっちゅう農家の堆肥の中で水浴びの真似事をやっています。隣の農家の鶏たちは、周囲を歩き回り、普通の鶏小屋で寝ていたのですが、この欲張りの農民が生産を上げようとして、常に極めて清潔に保った小屋に彼らを入れたところ、みな死んでしまいました。このことは人間にもあてはまります。私の息子はウィーンに住んでいた四歳の頃、大変病気がちでした。当時のかかりつけの小児科医、ツェルマック博士は、夏の間田舎に帰り、木造の家で暮らすことはできないか、と私に尋ねました。私が、そうする、と確言したところ、そこで静かに息子と暮らすように勧めてくれました。あなたが信じようと信じまいと、子供の虚弱体質は直ってしまったのです。ある程度の不潔さは、確かに、生き物に必要なのです」。

これは真実です。無菌状態で育った子供たちは、理論的には、死亡志願者とも言えるでしょう。もし、死ななかったなら、それは誠に幸運なことなのです。私の子供たちは不潔さの中で育ちました。私自身もそうですが、今日に至るまで極めて健康です。私が二歳の頃は、雌豚が子豚と一緒に面倒を見てくれました。母はよく、私は豚小屋で育った、と聞かせてくれました。雌豚はおそらく、私の価値を認めていたのでしょう。事情のよく判らぬ親戚が私を引っぱり出そうとすると、彼女は私を護ったものです。今日、もし、犬が私の子供の手から、バターつきパンを盗んだら、子供は犬を追いかけ回し、口の中からそれを引き出して食べてしまいます。申し上げた通り、私に手紙をくれたような医者たちが、細菌、その他の病原菌は人間にとって災厄以外の何者でもないと信じ、生物学の基本を無視し、寄生虫がいるのは虚弱だからだと主張しているにもかかわらず、私の子供たちは一度たりとも病気になったことはありません。頑丈な体質を持っている人々は、最初に細菌に出会った時に一生涯続く抵抗力を発達させるからです。私もその一例でしょう。

したがって、私にとっては、極端な文明の発展は病気の温床としか思えません。このことは、二〇世紀にもなったこんにち、もう理解されているべきであったでしょう。新たに到着した赤子の顔を、犬が嘗めるのを当然のこととして我慢できないような人は、犬も、そして子供も持つべきでないという助言を守るべきです。私は確信を持って次のことを申し上げます。私には七人の子供がおり、彼らは犬の中で育ちました。そして、頭の切り傷が余りにも大きくて、犬がやさしく嘗めてやっても治らない時に医者の助けを借りたことがあるだけなのです。

もちろん、数種の犬の病気が人間に伝染する可能性のあることを知らないわけではありません。その中で、ある種の寄生虫による病気は発見がむずかしく、致命的になる場合もあります。私は危険を知ってはいるのです。子供がちょっとでも具合が悪ければ心配にもなります。八〇匹の犬に七人の子供がおり、比率は一一対一で、犬どもは毎日子供たちの身近にいるのです。カルテを持った立派なお医者さん方や、衛生・年少者管理事務所の官吏たちが目を光らせていると思うと恐ろしい気もします。万一のことが起きれば、私は自分のよりどころを失う可能性が常にあるからです。どこか身体の具合の悪い犬がいる場合もあるはずです。子供たちも同じでしょう。衛生の基準に従えば、もう二、三人は当然死んでいて当たり前なのでしょう。ところがそうはならないのです。子供たちは必ずしもよく言うことを聞くわけでもありません。彼らは犬たちの間で大きくなり、この不潔な犬たちが彼らの最上の友なのです。それは犬だけがなることのできる友なのです。犬と一緒にベッドで眠ることのできぬ子供たちとはなんと哀れな存在でしょうか！

第五章　純血種としての犬

犬――消費商品として

前章を読まれて、「犬を真面目に考える」ことがどんなに悲しいことであるかお判り頂けたと思います。私の述べたことが、絶対に間違っていないなどと主張する気はありません。ただ、人間と比較しながら犬の社会的行動を研究することが、大変興味深いものであることを読者が理解してくだされば充分ですし、私はそれで大変満足なのです。

しかし、ご注意申し上げたいのは、私が語っているのは、変質させられていない、正常な犬に限ってのことだということです。また私は、野生の犬は研究対象にはなっても、人間の友、あるいは同伴者にはならない、と考えていることも明らかにしておきたいと思います。ましてや、一万二千年の歴史を持つ犬の飼育を零からやりなおす気などは毛頭ありません。

この、一万二千年をかけて、野生の動物から始まった犬が、人間の同伴者となり、友にもなったわけですが、これはもちろん、犬も人間も充分正常である場合の話です。野生の動物から、この多くの犬種を生み出した飼育の仕事に対して、私がどんなに大きな敬意を払っているかは既に述べました。おそらく、この仕事の偉大さは、月に人間が足を踏み入れられるようになったことと同じくらいの値打ちがあるでしょう。

でも、もしこの事業にたずさわっている人々が、大衆の無知につけこみ、安いロケットを作り、月旅行を企て、ただの三〇パーセントの旅行者しか目的地に到達できなかったとしたらどうでしょうか?

ところが、これこそが現代の傾向にほかならないのです。大企業の研究の中には、あれやこれやの素晴らしい開発計画が眠っています。でも、それらは実現しません。その間、別のもので金も稼ぐ。完全でないものを使用させられる消費者は、こんなにも進んだ知識が何の役に立っているのだろうか、と疑問にさえ思うのです。製品そのものは苦しみはせず、消費者だけが被害者です。ところが、なまじ消費者には知性があるため、経済の世界には自分の理解の及ばぬそれなりの法則があるのだと自らを慰めてしまいます。そしてそれは、ある意味では真実なのです。

これを犬の飼育の問題にあてはめてみましょう。「需要と供給」の法則は存在し、需要がある限り生産することになります。しかし、大衆は事情をよく理解していません。他の消費物と同じく、隣人が持っている、子供がねだる、番犬として役に立つから、儲けることができるから、などの理由から、なんとしてでも犬を欲しがります。したがって、この要求を満たす必要がある、これこそが、現代の消費社会の明白な現象なのです。金は世の中に流通し、政府は分け前を取る。犬は一個の商品になってしまう。カラーテレビができたから、白黒テレビを屋根裏部屋にしまいこむ、浪費社会なのです。国境では車の外に犬を捨ててしまう。狂犬病予防注射をするのを忘れたから！　かまうことはない！　家に帰ったら、別の犬を注文しよう。家に配達してくれるさ！　馬鹿高くはないのだから。かくして、犬工場はフル回転で、商売繁盛、金回りはよくなる、というわけです。

淘汰のメカニズム

理由はいろいろあるにせよ、野生の状態にあっては、生活環境に完全に適応できない個体が排除される率は六〇パーセントにも上り、自然淘汰が極めて効率的であることを想像させます。

狼においてこの淘汰がどのようにおこなわれるか見てみましょう。まず、生まれたばかりの子狼で、乳を飲む動作が充分発達しなかったり、ほかにも欠陥がある個体は母狼から脇に押しやられてしまいます。ついで、両親が生存競争に勝てず、子狼たちが充分な食物にありつけなければ、全員が死亡します。

この淘汰方式は大変興味深いものです。というのは、この両親たちは自分の親の群れの中で、自分の両親の子育てに参加したことがあるはずなのですが、自分自身が親になった今、子育てに失敗しているわけです。つまり、彼らには、群れを指導する資質が欠如しているることになります。彼らは、動物学的に見て、必要な仕事、すなわち、餌を獲得し、巣を守ることなどができないのです。一例を上げるなら、この雄が、授乳をしている雌に餌を運んでくるための必要な狩猟技術、あるいは、社会的本能を保持していないとするなら、このような形質は子孫に遺伝されるべきではないと考えられるのです。

生後二一日目頃、雄親は激しい遊びを通じて、子狼の社会的態度（相手の攻撃を鎮静化させる態度）を試験すると同時に、巣に戻る能力を試します。これについては既に触れました。

次の淘汰は、子狼が自分自身で餌を食べるようになり、餌をめぐる闘いが兄弟の間で起きる年齢にやって来ます。肉体的に劣る個体は、精神的な面でほかの犬を凌ぎ、体力の不足を補うことができなければ、餌に充分ありつけず、排除されてしまいます。ついで、階級が確立する時期に、弱い個体は、自分は弱いのです、とほかの狼に認めさせることができなければ、集中攻撃を受け、生存が脅かされるのです。

前章において述べたように、権威を認めないことは破滅を意味します。

階級が上位の狼たちは、一、二月に独立するのですが、下位の若い狼は成長しても元の群れに残ります。そして、先輩たちが狩猟に出かける間、子守の役を果たすなど、それなりの役割を受け持つことが観察されています（フォックス）。彼らは自分の家族を持たないので繁殖には参加しません。私の犬舎の中では、下位の犬たちは、ある意味において常時抑圧されていることが観察されます。最初の章で説明したように、二歳になっても子犬じみており、生殖行動が発達しないのです。これはもちろん、非常に重要な淘汰のメカニズムです。エリック・ツィーメンは下位狼のこの欠陥を深く探究しており、氏の観察は私が、ディンゴあるいはその雑種で見るのとまったく同じものです。

繁殖をおこなう雌狼における二つの淘汰形式についても引用する価値があるでしょう。まず、胎児の一部しか発育しない可能性が高いということです。おそらく、より健全でない、相当数の胎児は母体に吸収されてしまいます。ついで、出産時に第二の淘汰が待ち受けており、いろいろな事実が観察されるのです。まず、充分な栄養が取れなかった雌狼は難産となってしまうでしょうし、乳が出ません。また、本能的な衝動の発達が完全でない雌狼（現在の多数の家犬がそうですが）は子犬の面倒をよく見ることができず、子犬は死んでしまいます。こうして、このような欠陥が遺伝として残ることが防止されるのです。

多分、これらが淘汰のすべてではないのでしょうが、優れた資質を持たない個体に厳しい淘汰がなされることにより、自然界における種属の保存がおこなわれるありさまを理解するには充分でしょう。

このようなことから、野生動物は、可能な限りの優良な遺伝形質を受け継いでおり、弱者、健全でない個体、変異個体が絶えず淘汰されると確信を持って申し上げられます。動物の繁殖は、規格化された製造工程で作られる製品とはまったく異なった形でおこなわれます。また、そのように製造される製品も、市場に出る前には検査を受け、不良品ははねられるのです。

しかし、動物の遺伝形質とは決して画一的なものではありませんし、また、そうであってはなりません。というのは、地球の歴史において、遺伝形質の多様性があるからこそ、動物は環境によりよく適応できるように進化することが可能となっているのです。したがって、淘汰は絶えずおこなわれ、製品完成時の検査の役割を果たし、環境により適応できる個体のみが繁殖に参加できる仕組みが作られているのです。

純血種における退化

人間は遺伝形質の多様性に目をつけ、多数の犬種を創造しました。しかし、このことで、その犬たちの遺伝形質の多様性が失われたというわけではありません。遺伝形質は、現在もすべての犬種において、また、一腹ごとに変化しています。突然変異、つまり新しい性質を持ったものの誕生を除けば、まずある性質の異常、すなわち退化が発現します。

これについては既に紹介しましたが、偶発的な病気、あるいは、食物の欠陥による体調の不具合の場合を除き、雌犬が上手に子犬を育てられないのは退化からきた現象です。また、分娩能力の低下が見られ、これも遺伝的なものと考えられます。

正常な環境で成長した雄犬が、子犬に攻撃的態度を示し、噛み殺すのも退化です。こういった雄犬が子犬の面倒を見ず、彼らを避けて、優しい態度を示さない場合も退化の兆候でしょう。

無尾の犬が生まれるのも退化です。断尾の習慣のある犬種で、手術の費用が助かると得意になる人もいますが……。

この件に関しては、細かいことですが、重要な指摘があります。後天形質が遺伝する、という迷信を排除することまでは不可能であるとしても……。繁殖者の中に、いまだにこの迷信を信じている者がいるのは誠に嘆かわしいことであり、こういった人々は犬の繁殖者として持つべき、基本的な知識すら欠けていることを証明しているようなものです。もう一度くり返しますが、無尾は、断尾を反復することで発生するのではありません。家畜動物の飼育においては、突然変異が常時発現し（白色症、長毛症、着色不全、脚湾曲など）、マン島では、一度も断尾などしない猫の種類にぞっとするような無尾症が現れているのです。この猫の無尾症は他の遺伝形質と関係があり、マン島の気候とは無関係で、近親繁殖をおこなうとどの猫にも現れるものです。繁殖好きの日本人は、マン島の猫のことをまったく知りませんでしたが、突然変異を利用して、数百年前から無尾猫を育てていました。

私の記録によると、幸い、私の犬舎からではありませんでしたが、エルク・ハウンドの、母子間の交配により、一頭だけ無尾犬が存在しました。私の知る限り、もちろんエルク・ハウンドには断尾の習慣は存在しません！

もし、後天形質を簡単に遺伝させることができるなら、久しく前から、断尾、断耳などは純血種に不必要となっていたでしょう。

この退化の件のついでにもう一つの話をしましょう。この二〇世紀、一九七五年においてさえ、いくつかの純血犬のクラブにおいて、他の種類の犬と交尾した経験のある雌犬を繁殖から排除しています。こういう考えはまったくもって中世的であり、純血種繁殖の責任ある地位にいる人々が、繁殖と遺伝についての基本的知識に欠けていることを証明する以外の何物でもありません。

私には、自分が昔おこなった馬の研究を通じて、どうして人々がこの奇怪な考えに取りつかれているかが判ります。一九世紀の中頃、モルトン卿という御仁が雌馬に雄縞馬を掛け合わせました。子馬には縞が出ましたが、もちろんのこと、その数は父親のように多くもなければ鮮明でもありませんでした。さて、この縞馬のあいのこを育てた後で、この雌馬はアラブ種の雄馬と交配されました。ところが、その子馬の足には縞が入っていたのです。モルトン卿および何人かの証人は、縞馬の何かが雌馬の体内に残り、影響を与えた、と結論づけました。

この時代には、グレゴール・メンデルはまだ遺伝についての研究を発表していませんでしたし、遺伝子とか染色体の存在も明らかになってはいませんでした。それに人々は、縞馬の血が入っていなくとも、馬によっては、縞模様が足や頭、あるいは背中に現れる場合があることを知らなかったのです。馬の研究家であるリュイ・アンドラードは、ポルトガルで、縞を持った一群れの馬を作り上げましたし、カール・ウンデベルグはテーゲルンゼーの近くのハーフリンゲルで飼育をおこない、縞模様の馬ができると喜んだものです。というのは、この模様はある種の原始性を示しているので、野生に近い性質と考えられるからなのです。

しかし、今日でも、一部の繁殖家は、異なった犬種の雄犬は純血犬の雌を「目茶苦茶」にしてしまう、と頑固に信じ込んでいます。

もし、犬の繁殖がこのように無知な人々によってなされているのなら、何かおかしなことが起きても不思議ではありません。これはもちろん極論ですが、既に相当の問題を起こしている事実もあるのです。

歯列の欠陥と犬の繁殖

人間が、歯列におけるある種の欠陥を余りにも重視したために、犬の飼育にどんなに大きな被害をもたらしていることでしょう！　私が考えているのは、下顎の第一小臼歯と第三大臼歯の欠歯についてです。この欠点故に、ほかの点ではまったく素晴らしい純血犬のどれだけ多くが不適格とされたことでしょう。その結果、犬の飼育において、どれだけの素晴らしい遺伝要因を失ったのでしょうか！　そして、この事態の原因というのは、またしても、人間が学ぶという目的ではなく、迷信深くなるためにのみ、その理屈づけをおこなうからなのです。

物事をよく理解している人たちがたえず説明をおこない、この迷信と闘おうとしても無駄なのです。もし、これらの歯が欠歯となっており、ほかの点では優れている犬たちがいれば、必ずしも彼らを繁殖から除外すべきではないのです。このことを正当化する出版物をすべて集めれば、膨大な量になってしまうでしょう。もちろん、あらゆる人が学ぶことを拒否しているのではなく、小臼歯あるいは大臼歯の欠歯の理由で、絶望の余り髪を掻きむしる繁殖家がすべてではありません。

狼においては、第一小臼歯と第三大臼歯の欠損が見られることが文献にしばしば報告されています。また、狐における歯列の異常についても非常に興味深い研究がなされています。リュップス、ノイエンシュヴァンデル、ワンデレールによる研究チームは、スイスにおいて総計六二六匹の狐を調べ、歯列の異常を研究しました。彼らは種々の異常を発見しましたが、その中で、下顎第一小臼歯の欠歯二件、下顎最奥大臼歯欠歯一四件が見られました。動物学の専門家である獣医師のロルフ・ブルンクもまた、非常に突っ込んだ研究をおこなった結果、第一小臼歯および最奥大臼歯の欠損は退化とは何の関係もないと報告しているのですが、同時に、一九五〇年代に、モール、ボエスネックおよびクレッツェルなどが、これらの歯列欠陥は、系統発生的な特殊化であり、何ら病的なものではないとしていることにも言及しています。この件に関しては、ザイフェルレによっても、また、もっと最近では、ハーベルメール、ヴァイフラウホによっても確認されていることです。古代および先史時代における犬の頭蓋骨と歯列を調査すると、既にこの時期においても、小臼

暮らしの足しにしようと飼育を始めた雌グレート・デンのサンドラ、当時六歳。奇妙なことに、この犬はいくつかの欠陥（背中の窪み、関節の弱さ、乳房の突出、足のたこ）を持っていたにもかかわらず、繁殖に適当とされた。この犬は二腹の子犬を産んだが、育てることができなかった。三回目の交尾の後、三匹の子犬のうち二匹が出産の大分前に子宮内部で死に腐敗したため、死亡してしまった。この例は、無理な淘汰による退化現象の典型である。

歯一、二番、大臼歯三番が欠如している犬が見受けられるのです。最近になって、ナウハイム近くのケルト人の塩田地区で発見された、約二千五百年前の犬たちの六〇の歯列を研究したところ、既に、二〇パーセントの犬において、いくつかの小臼歯、あるいは第三大臼歯、もしくはその両方の欠損が見受けられました。

ブルンクはこのように付け加えています。

「数種の哺乳動物と同じく、犬においては、進化の過程における特殊化の結果、両端から中央の方向に向かって、臼歯の欠損が見られるのは事実である。この現象は、非常に小さく両脇の歯とすきまのある歯、すなわち、役に立っていない両顎の第一小臼歯、下顎の第三大臼歯において見られる。私の言及したこの欠歯は、野生の犬にも家犬においても見られ、数千年の歴史を持つものである。

非常に古い歴史を持つ、これら臼歯の欠歯の傾向を示す、科学的な犬学の知識を理解しているなら、一〇年やそこらの飼育、淘汰により、この傾向と闘うなどは現実的ではない。この傾向を阻止しようとすれば、より重要なよい性質を失わせることになり、改良ではなく改悪に向かう淘汰をおこなうことになる。役立たずの歯は犬の特性を減じているはずはないから、作業犬の値打ちを損なってもいないのだ。短毛ダックス・フンドのスタンダードの一六―三―六八は、第三大臼歯の欠歯犬は繁殖から除外され、左右、上下の第一大臼歯の欠歯犬には〈優秀〉の資格は付与されぬこととはっきりうたっている」。

ブルンクの著述の引用は一部に留めます。彼は苦労してこれを書き、他の場所でも言及しています。いろいろな純血犬種のスタンダードと繁殖規定が相変わらずの独善の産物でなければ、彼はこのような苦労を本来せずに済んだのでしょう。犬の専門家の中には、科学的な研究は科学のためにのみなされて、繁殖のことは自分には関係がない、と考える人がいます。もし、純血種の繁殖において、生まれた犬たちがこのような無知な態度によって迷惑をこうむることがないとするならば、この学習を拒否する専門家の態度は、それ自身重大なものではないかもしれません。

マックス・モーザーは四二五の犬の頭蓋骨について、歯科学的な研究をおこない、歯が固定されている歯槽の疾患が比較的多く、その原因は歯並びが悪く、歯に荷重がかかり過ぎることによると観察しました。これについては、単に歯の退化の自然現象と考えずに、より注意を払うべきでしょう。この研究者はこう考えているのです。「犬の顎においても、系統発生的な歯数の減少が見られる。欠けているのは、第一小臼歯が一番多く、第三大臼歯、もしくは他の小臼歯においては比較的少ない」。

彼は明らかに、この現象が種属の進化の過程の一つであると考えているのであり、同じことは他の肉食獣においても既に観察されているのです。先ほどのブルンクは猫も例に引いています。進化の遅れている犬と比べ、猫は三〇の歯しか持っていません。つまり犬より一二本少ないのです！　もし、一〇万年前に、現在の一部の犬の繁殖家と同じように頑固な猫の繁殖家がいたなら、今日の家猫は三八か四〇の歯を持ち、野生の猫の歯の本数は少なくなっている、という現象が見られたでしょう。しかし、このような偉大な業績を猫の繁殖家がなし遂げたために、却って、退化の結果、家猫は消滅してしまっていた、ということも充分考えられることです。

鋏状咬合と切端咬合、テンパー歯

歯の話のついでに、繁殖界において普遍的に標準化されている、切歯に関する非常に主観的な表示について述べてみましょう。ほとんどすべての犬種のスタンダードは鋏状咬合を要求しています。数年前に死去した著名な動物学者、エルナ・モールは、一九五六年に、ハンガリアの牧羊犬について書いた小冊子の中で、この件について六ページを費やしているのです。彼女は、野生の犬は鋏状ではなく、切端咬合なので鋏状咬合の規定は生物学的ではない、と述べています。野生の犬においては、切歯の先端同士がぶつかり合うようになっていますが、たとえば人間の場合、上顎切歯が下顎切歯より前方に出ています。人間にとっては食物を切断するために切歯は必要です。ところが、犬は切歯をその目的に使用せず、肉を裂くに適した形、大きさとなっている犬歯がその役割を担っています。犬歯は鋏状咬合となっていて、大きな鋏の形状をして骨すら砕くことができます。つまり、鶏をさばく鋏のようなものなのです。

犬たちは切歯を毛皮の手入れ、特に蚤を捕まえるために使用します。この歯はその目的に完全に適したものとなっているのです。犬が蚤を探したり、皮膚を噛んだりする場合、切歯は鋏状でなく先端がぶつかり合う形状のほうが、はるかに能率的であることはよく判るでしょう。忘れてならないことは、人間と違って、犬は下顎を前には出せないということです。彼らは顎を開閉することしかできないのです。鋏状になった切歯で蚤をつぶすことは不可能に近いでしょう。もちろん、犬の良き友が蚤取り粉をかけてやるほうが能率的ではありましょうが……。しかし、その機能だけが問題となるわけではありません。重要な事実は、犬の場合の鋏状咬合は退化の印であり、家畜全般によく見られる、口吻の短小化を示しているということなのです。

この口吻の短小化は、上、下顎双方に現れる場合もあるし、どちらか一方のこともあります。したがって、下顎突出症は、上顎の短小化の結果であり、上顎突出症はその反対というわけです。

エルナ・モールは既に一八年前、たとえばグレート・デンのスタンダードが要求する基準とは逆に、切端咬合の場合のほうが、切歯の磨耗は少ないと明言しています。彼女は、簡潔明瞭にこう付け加えているのです。「切端咬合において、当初は切歯の磨耗が鋏状咬合より早いのは事実である。だが、口吻は臼歯の存在により、ある程度以上は閉まらないから、切歯磨耗は一定の限度以上は進行しないのである」。

グレート・デンのスタンダードの規定はその時代から改定されています。私の持っているものは一九七一年版ですが、このエルナ・モールあるいはほかの動物学者、獣医師たちの優れた指摘にもかかわらず、歯列に関して相変わらずこう書いています。

「歯列・大きく、力強く、白色で、鋏の二つの歯のように、上顎切歯は下顎切歯の前方に正しく位置して嚙み合うものとする。この鋏状咬合からはずれる歯列は欠陥と見なされる評価がなされねばならない。下顎に対する上顎の位置を審査する際、原則的には、まず、移動可能な下顎から開始する」。


私には理解できない最後の節を別にすれば、今日の大部分のスタンダードの規定と同じく、鋏状咬合に固執しています。しかし、更にこうも言っています。

「欠点・下顎切歯が上顎切歯の上に位置するもの、あるいは、下顎切歯が上顎切歯の下にあるもの、最後に上下切歯がぶつかり合っているもの。この場合、切歯は早く磨耗する。鋏状咬合以外の歯列を持っているグレート・デンは、品評会において減点の対象となる。ジステンパーによって損なわれた歯も欠点とされるが、これは遺伝性のものではない。だが、テンパー歯(ジステンパー感染により変質してしまった歯)を持った犬は『優秀』の資格には値しない。歯石の蓄積も好ましくない」。エルナ・モールおよびほかの人々が、逆鋏状咬合についての議論は意味がないと述べているのは、下顎切歯が上顎切歯の上にあるのではなく、単に前方に位置しているだけのことだからです。しかし、この点も考慮さ

雄のドーベルマン。この犬種が護身犬に用いられるところから、長く、しかも力強い口吻が要求されている。この図では口吻がやや長すぎる。

雄のボルゾイ

二歳ごろの雌コヨーテ。鼻面が長く、細い。

雌コリー（七カ月）

同じく雄ボルゾイのマシャル。ハウンド類においても、自然に反する鋏状咬合を望むあまり、下顎の短小化を招いている。

雄のアイリッシュ・セッター。この犬は、他の狩猟犬と同じく野生犬の通常の口吻を持っている。口吻の短小化は家畜においてしばしば見られる現象である。したがって、口吻を著しく長くしようとして淘汰すれば、下顎の短小化を招いてしまうので、これを防ぎ、解剖学的に正常な状態を保つためには、切端咬合を追求するほかない。

一七カ月の雌コリー、ティナ。この二匹のコリーとコヨーテを比べてみていただきたい。コリーのほうが鼻面が著しく突出しており、下顎が短くなっている。

れていません。

鋏状咬合については、繁殖家クラブは、どのグレート・デンも野生の犬の普通の歯列にならぬように非常な注意を払っています。なにしろ、繁殖家の世界を支配している迷信は、科学的根拠に基づく事実の研究よりも有力なのです。まったく、切端咬合の歯列を欠陥と見なすことは、無知の極致と言えるでしょう！　さもなくば、健康で正常な犬を純血種の飼育から排除し、この酷い仕打ちを受ける犬たちを見てサディスティックな満足感を得ているのでしょうか？

エルナ・モール（およびそのほかの人々）は、テンパー歯についても触れていますが、もちろん、無駄な努力となっています。「しばしば、テンパー歯は不適格の原因となっているが、正当な理由はない。もちろん、白く、滑らかな歯列はより美しい。だが、狩猟犬の場合、垂れ耳が裂けていたり傷があったりしても、名誉の負傷と見なすのならば、テンパー歯を不適格とするのはおかしなことである。それは、逆に、重病に打ち勝った誇るべき印ではないか！　繁殖に用いる場合、その犬の価値はテンパー歯により減じられるものではない。それは後天形質であり、遺伝しないのである。ドッグ・ショーにおいて、歯が完全に白く、健康な犬を、テンパー歯の犬よりも良しとすることにまったく異議はない。だが、後者を下位に格付けし、繁殖犬としての競技会で不利な取扱いをすべきではない。もし、永久歯が完全に生え揃った後でジステンパーに罹病しても、歯列には何の影響も起きない。こういった犬が繁殖犬として、どうしてよい点を稼ぐのか？　逮捕された盗人は逃げおおせた者よりも悪いのか？　ジステンパーで死んだ犬はなにがしかの抵抗力が欠如していたのである。若い時代にこの病気を克服した犬は、歳を取ってから罹病した犬、あるいはまったく罹病しなかった犬と比較して減点されるべきではない。なぜならば、全然罹病しなかった、あるいは永久歯が生えてから罹病した、などというのは何ら誇るべきことではなく、単に、機会の問題だからである」。

人間が無知によって過ちを犯すことはあります。ただ、犬を真面目に考えようとする時、頑固に目をつぶってすべてを知ろうとせず、古い時代の過ちに固執することは許されないのです。実際の役に立たないのなら、研究はほかの何の役に立つでしょう？　純血犬クラブの人々が、すべての新知識を無視するほど、犬の生物学的な健康に関心がない、ということがはたしてありうるのでしょうか？　それとも、彼らは、犬を真面目に考えていないというべきなのでしょうか？

私はひどい苦言を呈し、物事を誇張しているのではありません。私よりずっと高名な人たちが更に手厳しい批判をおこなっているのです。しかし、その声も今日に至るまで無力なのです……少なくもドイツにおいては。獣医師専門誌に発表がなされたにもかかわらず、この国では意識的に死の沈黙がまもられています。以下は、世界小動物獣医師学会の報告であり、純血犬のスタンダードがその健康と幸福に与える影響について述べており、一九六七年七月二二日にパリで開催された世界獣医師学会で受諾承認されたものです。

一、参加者は全会一致をもって、犬の健康と幸福のために、飼育におけるスタンダードは、器官および身体各部の機能を損なうような要求もしくは勧奨を含むべきではない、と宣言する。

二、世界小動物獣医師学会は委員会を設置し、現存するすべての犬種のスタンダードを検討し、犬の器官および身体各部の機能に反する項目に関して報告をなすこととする。

この委員会が参照したのは、英国ケンネル・クラブのスタンダードであり、今日有効なものとは多少の違いがあるだけです。さらに、少数の例外を除いて、問題となる箇所はドイツ・ケンネル・クラブのスタンダードと同じなので、委員会の結論は西ドイツの通常の犬種に適用されることとなります。

ここで、その報告全体を述べることは到底不可能なので、いくつかの指摘をおこなうに止めましょう。純血種繁殖の目的と見なされる、各犬種の特徴の大部分が、健康、解剖学的構造、正常な器官の機能と両立し、多数のスタンダード規定がこれらを達成し、維持しようとしている事実は認めます。しかし、不幸なことに、文言自体は間違っていないにしても、それには限界があるのです。したがって、表現が余りにも不正確であるため、審査員に幅広過ぎる解釈の余地を与えたり、身体の機能にかかわる重大問題が、毛色とか、それ以外の純粋に美的要素の勧告と同列におかれている、と批判されているわけです。こういう記述もあります。「生理学的見地からすれば、この事実は嘆かわしい。なぜならば、ドッグ・ショーの審査員はしばしばアマチュアにすぎず、審査すべき種々の点を重要性の度合いによって区別することができないからである。だが、最も忌むべきは、数多くのスタンダードで定める減点表である」。このようなわけで、毛の特質とか色の問題と比べて、健康上の見地からすればより重要な、身体機能に対しての注意が払われていないのです。

さらに、重要な要求項目として次のような文面が見られます。「スタンダード規定には、それぞれの犬種の審査員たちに、生理学的側面、運動能力あるいは精神的な健全性に対し特別な注意を払わせるための勧告を含むべきであろう」。

このことは純血種における病気の頻発を想像させ、もちろん、そういう事態は正常なことではなく、その動物の本来持つ弱さの否定できない兆候なのです。私は、先ほど、歯列とジステンパーの問題について述べました。私の犬舎では、ジステンパー、肝炎、レプトスピラ症に対する予防接種は一切おこなっていません。グリュブミュルで実施されている予防注射は、その必要性から、狂犬病に対してのみなのです。このような状況にもかかわらず、今までの二五〇匹の犬で、ジステンパーの兆候を示し死亡したのはたった二匹であり、それも幼い時でした。私は駆虫剤も飲ませません。にもかかわらず、寄生虫によって死んだ犬は一匹もいませんし、重要な病気の兆候も示してはおりません。

　私の犬たちは蚤の被害にもあいません。すべての犬が切端咬合の切歯を持っているという理由からではありません。理由は次の通りです。ヴィールス、バクテリア、寄生虫あるいは蚤であれ、これらすべては自然の営みにおいて、非常に重要な働きをしているのです。これらはあらゆる動物に取りついているのですが、動物たちは強力な抵抗力を持っています。私のところでも、それぞれの犬には、蚤も寄生虫もついているでしょうし、二匹の犬がジステンパーで死んだのですから、おそらく、ヴィールス、バクテリアにも取りつかれているのでしょう。でも、彼らはこれら寄生動物に打ち勝っているのです。

　もし、誤った飼育をおこなえば、生理学的見地から見て、犬が衰弱し（自然状態においても時には発生する）、抵抗力が充分発達せず、これら寄生動物の餌食となり、健全な「種」の保持のために淘汰がなされるのです。したがって、これら寄生動物は、高度な淘汰作用をおこなっていることになります。

　この件に関しては、少し説明をつけ加えたいと考えます。なぜなら、寄生動物に対する抵抗力は、自然食で育った犬に与えられるものであるからです。犬の本来の姿を知らず、炭水化物を主体として育てれば、いかに生物学的に犬が健康に生まれついていようとも抵抗力が低下し、犬を倒すまで寄生動物が繁殖してしまうことでしょう。

訳注

咬合は大別して四種に分類されている。

一、鋏状咬合（シザーズ・バイト）

二、切端咬合（レベル・バイト）

三、上顎前出（オーバーショット）

四、下顎前出（アンダーショット）

ドイツ・シェパード、ラブラドールなど、一が要求されている犬種が多く見られるが、一もしくは二を良しとしているものもある。ボクサー、ブルドッグなどいくつかの犬種には四が基準とされている。

正しい歯列

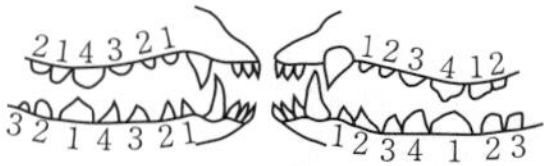

	切歯	犬歯	前臼歯	後臼歯	合計
上顎				4本	20本
	6本	2本	8本		
下顎				6本	22本

咬合の種類

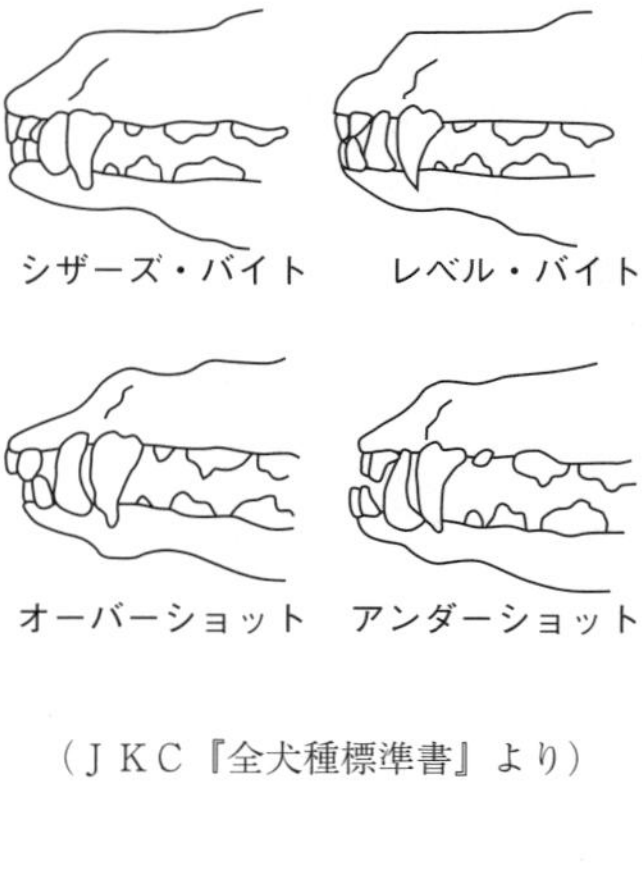

（ＪＫＣ『全犬種標準書』より）

純血種の病気

さて、ある犬に蚤がはびこったとしても、それは必ずしも、極端な淘汰により、生まれながらの遺伝形質が脆弱化しているからではなく、適当な餌が与えられていないことが原因の場合が多いのです。おそらく、全体の三分の二が後者でしょう。今日でも、犬の餌は肉でよいことを知らない人々がいます。

私はゆき過ぎた淘汰も好みません。どうやら、それが我々の純血種犬の病気に対する抵抗力減退の原因のようなのです。もちろん、その大部分は食物選択の誤りが原因でしょう。しかし、肉体的抵抗力を重視しない繁殖方針を無罪とするわけにはゆきません。

尻尾を振ることと同じく、病気は犬の専売特許なのだ、という考えを根絶すべきでしょう。獣医師の商売を妨害することになるかもしれませんが、病気に一度もかからない健康な犬というのも夢ではないのです。もし、犬の繁殖において、その一部は意味のない、外見の問題のいくつかを我々が少し忘れ去れば、通常の場合、犬は健康になるかもしれないのです。また、犬に対する愛情から、繁殖に際して、犬の生理学上の問題を優先するとしても、獣医師は飢え死にすることはないでしょう。なぜなら、繁殖に用いられる犬は選別後、獣医師の診断を受け、健康上問題がないか内臓などの具合を検査されるべきだからです。この診断は五分で済むようなものではなく、大変手間がかかることは、病院でおこなう我々の健康診断を考えれば想像がつくので、獣医師の増加は確実に必要となるでしょう。これこそが、長年をかけて、見た目の美しさ、繁殖、特殊な作業などの口実のために人間が作り出したすべての苦痛から犬を解放する唯一の道なのです。

この獣医師委員会が指摘するいくつかの点について触れようと思います。たとえば、通常の犬の分娩とくらべ、ボストン・テリアの難産の率は六倍に上り、フレンチ・ブルドッグのそれは三・五倍です。

また、通常の犬における、角膜炎および、角膜潰瘍の発病率は〇・七パーセントにすぎませんが、パグの罹病率はその五〇倍、ペキニーズは一二・七倍も高いのです。

瞼あるいは睫毛の内転は、通常の犬において〇・六パーセントしか発生しませんが、チャウチャウの場合一六倍、フレンチ・ブルドッグは一〇倍もの高率です。

このような理由から、委員会は、巨大な頭部（分娩困難）、大きな目（角膜の疾患）、小さく引っ込んだ目などのスタンダード規定を削除するよう求めています。バセット・ハウンド、ブラッド・ハウンド、セント・バーナードのスタンダードでは瞼の外転を規定しているのですが、これは医学上では「犬にとって不幸なので抹消すべきである」ということになります。また、運動を不自由にするような身体上のスタンダードの規定、特に、後足が余りにも真っ直ぐで、しかも、余りにも短い腿を要求している、たとえば、ロットワイラーのスタンダードは批判されています。

ついで委員会は、よく検討すると「苦痛を与える繁殖」の名にあたいする文言を含んだ、いくつかの純血種のスタンダードを引用しています。たとえば、ブルドッグのスタンダードの、外観一般の記述では、休息時、運動後に呼吸を容易におこなえる必要性にまったく触れていない、と批判しているのです。すなわち、「この犬種の顔の形は、犬をあらゆる種類のストレスに対して非常に鋭敏にしているし、軽度の運動後、あるいは周囲の気温の上昇の際、呼吸に困難が生じる」と。

スタンダードと商業

人類は驚くべき存在です。人類は、飼育を通じて、殆ど自活能力のない動物を作り上げ、それに成功すると幸せに思い、私に言わせれば、その動物の生活能力の欠如ゆえに、獣医師に高額の報酬を払う……。そして、この小さく哀れな生き物に対する愛情で心なごみ、その生活の便のためにすべてをしてやる。そして、ドッグ・ショーが長引き、耐えがたい炎天下で、入賞を目指す愛犬が呼吸困難に陥っても、なお審査の順番を待たなければならないとすると、ショーの責任者を罵るのです。誰がこの人類の無定見、この醜悪な矛盾を理解できるのでしょうか？

耳が大きく、垂れている犬を作っておいて、それが美しくないとするのも同様な無定見、矛盾です。そしてスタンダードが要求するからといって、子犬一匹毎に、何百万回も執拗に断耳を繰り返す。そして断耳の習慣は、動物愛護の新しい法律案においても生き延びることに成功しました。弁護者たちは、聴道に空気が入らないと種々の感染を引き起こすと主張します（実際はグレート・デンにおいて、半分垂れているか、あるいは形が不完全な耳の場合はこの問題は生じない）。一方でこう言いながら、同じく垂れ耳のバセット、コッカーなどについては、繁殖者に断耳を強制してはいないのです。垂れ耳の犬が、空気流通の不足から聴道に感染を持ちやすく、耳の一部を切る必要があるなら、なぜ一部の犬種には必要で、ほかの犬種にその必要性がないのでしょうか？　ところが、犬の飼育者の間では、耳の掃除はよき飼い主としての義務と思われているのです。飼育の過程において耳

雌のグレート・デンのラヤ（115ページ参照）。結合組織が弛緩したグレート・デンが育成された（家畜においてこの現象は広く観察される）。この傾向は、垂れ下がった唇と深く折れ曲がった耳に顕著に見られる。この理由から、子犬の時断耳がおこなわれる。断耳の結果円錐形に直立した耳の形は、野生の犬、あるいは立耳の犬のそれとはまったく異なる。断耳された耳はその傷痕のため、垂れ耳の英国のグレート・デンと同じく、美しくは見えない。

を変形させてしまった以上、それに起因する結果についても責任を持つべきでしょう。私は、この聴道の弱さという問題は、垂れ耳に付随している可能性が非常に高いと考えています。解剖学的な変形の結果、血液の循環が悪くなったのではないかと思うのです。

また、人間が耳の非常に大きな犬種をいくつか作り出した、ということの意味について考えるべきなのです。これに関しては、狐の例を思い起こすのがよいでしょう。北の寒い地方で生活する狐の耳は非常に小さく、中央ヨーロッパのそれはより大きく、サハラ砂漠に生きる狐の耳は巨大です。すなわち、気候に順応しているわけです。また、象については非常に正確な研究がなされており、アフリカゾウの巨大な耳は表面積を広くし、体温の調節を図っていることが明らかになっています。この種の研究を犬についておこなえば、おそらく興味ある結論が得られるでしょう。というのは、狼にしても、コヨーテやジャッカルにしても、その耳の大きさは、ある一定限度内に収まっているからです。

犬の繁殖家たちが、動物保護の法律に反対して、耳の感染だ、怪我だ、とうるさく騒ぎ立てているのは、犬に対する極端な愛情からではなく、ほかの理由があるからです。彼らの考えは単に次のようなところから出発しているのです。まず、スタンダードは断耳の実施を決めています。もし、西ドイツで断耳を禁止すれば、日本人、アメリカ人など金離れのよいお客は真正なドイツの犬を断耳禁止の西ドイツでは買わなくなり、東ドイツなど、まだスタンダードを遵守している国に流れてしまうだろう、というのが彼らの本音なのです。そうなれば、西ドイツの繁殖家は、日本に向けて出荷するたった一匹のグレート・デンの対価として、五万ドイツマルク、いいですか、五万ですよ、を手にし損なうのです。かくして断耳は続けられ、懐具合が順調なら結構なことです（訳注・原書出版時の為替換算で五万マルクは五五〇万円程度）。

幼い頃の私の耳は横に広がっていました。母はそれを好まなかったので、私は毎晩、絆創膏を貼り、耳を後ろに寝かせることに同意せざるをえませんでした。朝になって絆創膏を剝がすと必ず数本の毛が抜け、大変嫌な思いをさせられたものです。そのことで、私の精神は確実に傷つきました。当時はずい分涙を流し、この処置を憎みもしましたが、それでも、耳を切られたりはしなかったのです！

グレート・デンに比べれば私は幸せだったわけです。彼らの場合、残された耳が立つように、一定の時期まで、すなわち売却可能となるまで、絆創膏で貼っておくのです。なぜなら、耳がピシッと平行に立っていないグレート・デンなど誰も買わないからです。

また、ほかの人たちはある犬種の尾を切れと言います。尾こそが犬の最も明確な表現手段なのに！　この連中は、これらの犬種の尾は余りにも細いので傷つきやすいと言うのです。動物保護法の当初案には異なる見解が示されていたのですが、結局、彼らは引き続き断尾を続ける権利を獲得してしまいました。そうであるなら、断尾をしないグレート・デンの繁殖家は罰されるべきではないでしょうか？　この犬の細い尾が先の理由づけにあるような傷つきやすい尾でないとは誰も主張できないはずです！

すべては矛盾と不統一だらけなのです！　首尾一貫している点といえば、独断的なスタンダード規定を守ることだけなのです。しかも、規定をどう解釈すべきかがよく判らない場合であっても！　たとえば、「耳は中程度の長さ」、「目が余りにもくぼみ過ぎていないこと」などの表現は客観性を欠き、解釈する人の判断に任されています。もし、これらの規定が、委員会の勧告を考慮しつつ、より正確に表示されれば、それを解釈する役目の審査員の仕事はずっと容易になるでしょう。また、審査員の裁定に不服の人も、審査員が無能で公正を欠く、と訴え続けることもなくなるはずなのです。さらに、あるショーで「優秀」と裁定された犬が、別のショーで単に「良」と格付けされたりすることもないでしょう。たとえば、私が見つけたユーラシア犬（訳注・キースホンドとチャウチャウの交配により ドイツで同伴犬の目的で固定された比較的新しい犬種）のスタンダードには数字が用いられており、明確です。そこにはこうあります。「耳の上で測定した頭部の外周は五四センチメートル」。どうやって「耳の上」で測定するのかは議論の余地があるにせよ、この規定は良いと思われます。また、同じ箇所で測定するよう、正確な方式が既に確立されているのかもしれません。いずれにせよ、測定が常に同一方式でおこなわれるならば、批判不可能の結果が得られ、正確な方法で比較ができるでしょう。

訳注　著者は犬本来の姿をいかに見るべきか、という見地から、一九七〇年代の西ドイツにおける純血犬種のスタンダードに批判を加えているが、若干の補足をしておきたい。

英国、オーストラリアにおいて断耳が禁止されたのは相当以前のことである。ドイツ、北欧などでも動物愛護の見地から、最近になって、断耳、断尾を禁止するようになった。日本ではこのような法的規制はないが、国際畜犬連盟（ＦＣＩ）に加盟しているジャパンケンネルクラブ（ＪＫＣ）で発行している、『全犬種標準書』（第九版）の四ページには次のような記載がなされている。

「断耳断尾犬種の断耳断尾については従来に準じて記載したが、その取り扱いはどちらでもよい」。

参考までに三例を述べるが、グレート・デンは断耳、ボクサーは断尾、ミニチュア・シュナウザーは断耳、断尾をおこなうのが普通である。

遺伝疾患と闘うには

一九七三年、ドルトムントで開催された世界犬学会議で、表題の件に関してギーセン大学飼育遺伝衛生病理学研究所のゲオルグ・ウィルヘルム・リーク教授による非常に興味深い発表を拝聴しました。この報告はおそらく、多数の犬の愛好家、繁殖所管理官たちの髪を逆立てたに違いありません。しかし、まったくのところ、この報告によって、犬を真面目に考えようとするなら、今まで考えていたよりはるかに沢山の責任感、知識、仕事が必要なのだ、と突然人々は知ることになったのです。

犬における遺伝疾患との闘いに勝利をおさめるためには、犬の繁殖に多少ともかかわっている者は次の九項目を常に念頭におかねばならない、とこの報告は述べています。私は、これらが動物保護法に組み入れられ、従わない繁殖クラブに対しては、第九番目の項目にのっとって罰金支払いをおこなうようにすべきであろうとすら考えているのです。以下にその九項目を引用してみましょう。

一、遺伝疾患と闘うための基本原則は、まず、正常でない子犬を分娩した悪性遺伝子を持つ両親を繁殖に用いないという、厳しい淘汰方式を採用することである。

二、この淘汰方式を系統的に機能させるには、まず繁殖家が、隠すことなく、正常でない子犬の分娩を報告することである。不完全な情報は繁殖家およびクラブの人々に誤った判断をさせることになる。

三、分娩時に既に死亡していた子犬をそのまま処分せず、管理官に提出し、原因を究明し、必要があれば繁殖所担当獣医師により解剖に付すこと。

四、繁殖教本における、子犬の数を六匹に制限するという記載を削除すること。この方式は一腹の子犬たちの衛生あるいは遺伝的な特質をいつわらせる可能性があるからである。なぜならば、しばしば、すべての子犬が検査される前に、正常でない子犬が処分されてしまうからである。

五、繁殖所管理官は、遺伝学について専門的な養成を受けねばならない。ここにおいては、メンデル流の遺伝学よりも、個体群の特殊性、遺伝特性が重視されるべきである。この養成は中央の養成機関でおこなわれるべきであろう。

六、ある個体群の中で、遺伝疾患が頻発している状況においては、繁殖の基礎的条件を危機から守るため、厳しい淘汰がおこなわれるべきである。この場合、近親繁殖の手段を用いて、若い種雄の持つ病理学的な遺伝形質を調査する以外に方法はない。このようにして試験された雄犬（可能なら何回も試験をおこなう）は繁殖家クラブの便に供するものとする。このような交配試験をおこなうため、クラブに「繁殖試験所」のごときものの設立が勧められる。

七、繁殖教本で定める、犬の形姿および特定の毛色は、既にそれが証明されているとおり、犬に肉体的あるいは機能的欠陥をもたらす場合がある。したがって、それらを再検討し、最悪の場合、そのような規定は削除すべきである。

八、犬に対する外科手術が、停留睾丸、あるいは、睾丸が陰嚢に下りぬような遺伝性欠陥を除去するためにおこなわれる場合は、単に、外観を保つ目的に限られるべきであり、そのような犬は繁殖に用いられてはならない。

九、遺伝に関する研究、繁殖家に対する助言を強化するため、クラブは特別な財政的な努力を強いられることとなる。一定の「研究上納金」を定め、犬に関する研究、助言機関の設立の基金となすべきである。

神がこれらの要求をお聞きになるとよいのですが！　ともあれ、まず順を追って説明してみましょう。第一項は、遺伝性疾患というものは複数の要素に関係していることが多いという事実に関連しています。母方と父方から遺伝病の原因となりうる同じ劣性遺伝子（訳注・ここで言う劣性とは、たとえば、毛並みなどの外見上の特色あるいは特定の遺伝病に係わっている遺伝子が、通常の交配では別の優性遺伝子に抑えこまれ発現しない場合をいう。劣悪遺伝子とは、病気などの欠陥に係わる遺伝子で、それが優性であれば、子孫にその欠陥が発現される場合が多く、劣性であれば、他の、優良かつ優性遺伝子に抑えられ、表面に出にくいことになる）あるいは遺伝子群を受けると（訳注・劣性ホモ型）、しばしば、遺伝性疾患の発病を見るのです。メンデルの法則は、個別の遺伝子の観察によってなされ、「単一因子遺伝」と呼ばれますが、前述の場合はこれと異なり、「複数因子遺伝」と呼ばれます。したがって、種雌と種雄が同じ劣性遺伝子群をいくつか保持していれば、受精卵が劣性遺伝子群をホモに持つ（同じ遺伝子を重複して持つ）機会が高まり、不全もしくは遺伝性疾患が発現してしまいます。劣性遺伝子を持っていないと見られるほかの種雄を掛け合わせることはまったく意味がありません。というのは、この雄は、これらの疾患を子犬に発現させる染色体を持っていないかもしれませんが、子犬たちは母犬から病気の原因となりうる劣性遺伝子を持って生まれ、以後繁殖の度に、それを持ち込むことになってしまうからです。また、問題のある種雄を別の雌と交配するのも完全な誤りで、生まれた子犬たちは父犬の危険因子を持っていることになります。言い換えれば、このような犬を繁殖から締め出さない限り、その犬種には直ぐにも悪性の遺伝形質が満ちあふれることになってしまうのです。このようなことを知らない繁殖家（あるいは無視しようとする繁殖家）はどうするでしょう？　種付けに大金を払った雄犬のせいにし、雌犬のことは信頼し、次の発情期には別の種雄を探すのです。結果だけを見れば彼が正しかったように見えます。元気一杯の子犬たちばかりです！　なぜならば、今回の種雄は雌犬が持っている遺伝性疾患を発現させる遺伝子を持っていなかったからです。このようなわけで、子犬たちは遺伝性疾患を繁殖に持ち込むことになります。第二項を前にして、繁殖家たちは、自分の責任範囲は自分のところに限られる、とうんざりした顔をして笑うでしょう。第三項についても同じです。管理官に身体不完全や死産の子犬を見せるですって？　冗談でしょう。一腹の中には健康な子犬がまだ充分いるので、得意になってそれらを見せるのです。不完全な状態で生まれた子犬は、この欠陥を母胎内で受けたにもかかわらず、妊娠期間中に天候が暑過ぎたり、寒過ぎたり、あるいは雌犬が沢山食べ過ぎたからだろう、などといろいろな理由を考えて繁殖家は自らをいつわります。この原因が、危険な遺伝要素によるものであり、他の子犬たちもそれを持っており、以降の繁殖に（すなわち、その犬種全体に）持ち込まれるとは考えないのです。沢山の人がこの重要な事実を無視することを好むのです。

第四項につき補足したいと思います。健康で、頑丈で、充分乳の出る雌犬には、子犬を一〇匹、少なくとも八匹は任せても何の不安もないと申し上げましょう。このような問題を考える時には、常に、その犬種全体を考慮にいれるべきなのです。子犬たち全員が健康に満ちあふれているとするなら、雌犬も、そして、おそらく雄犬も、優良な遺伝子をその子たちに伝えたはずです。したがって、このよい遺伝子が、その種属から失われるのは不幸なことなのです。健全な遺伝子を持っている犬に対し、厳格ではあっても非常に配慮の行き届いた淘汰をおこなわない限り、多数の犬種において、必要とされる資質を持った犬が少なくなり過ぎる恐れがあるのです。繁殖規定とは、充分柔軟であるべきで、乳母がいなくとも、母犬が充分それに耐えられれば、繁殖家は管理官の提案を受けて、このように将来性豊かな一腹の子犬たち全部を育てることが許されるべきである、と私は申し上げたいのです。

こうはいっても、私はお産の度に八ないし九以上の子犬を生む母犬を弁護するわけではありません。これは犬が過度に家畜化された兆候であり、繁殖家の望むところかもしれませんが、多産を追求すべきではないと考えます。子犬の数は通常六匹前後です。雌犬が一〇の乳首を持っているのは事実ですが、胸部の一対は乳を出しません。したがって、八匹の子犬であれば、まだ正常の範囲である、と認められるのです。

さて、第五項を見ましょう。リーク教授の講演後しばらくして、たまたま、二人の管理官が、今後は理科学生にならねばならぬ、などとふざけているのを聞きました。自分の役目を果たすため、高等教育を受けねばならぬ、とでも言っているのでしょうか？　私は彼らの学習意欲がそんなに高いとの印象は受けませんでした。私は、新しい何かを学ぶ機会を与えられた犬が今までより楽しそうにしている例をいくつか知っています。犬だに学を好むのです！　私は、こうもお話ししたことがあります。多くの人々は学習意欲というものを余り持ち合わせていません。最も忠実な人間の友であり、それが自然の一象徴であるから愛しているのだという犬に関しても、です。人々は犬をできるだけ自然な姿で眺めるほうがよいのだ、と考えることはできるでしょうが、そうするにはもう少し学ばねばならないのです。

厳しい淘汰を用いた近親繁殖

リーク教授の第六項を説明するため、非常に興味ある例を引用しましょう。しばらく前、ハインリッヒ・ストラーセルとロルフ・ブルンクの経営するビーグルの繁殖所、ヘッヘスト社を訪れたことがあります。私はまず、輝くばかりに清潔な犬舎の夢のようなありさまを深く印象づけられました。私の犬舎の状態はそれとはほど遠く、ねたましくさえ思ったのです。私は数時間、犬たちと時を過ごし、彼らの人なつっこさ、人間に対する信頼、活発さに心を打たれました。そこには七〇〇匹ばかりの犬がいたのですが、すべての犬に非常にうまく刷り込みがおこなわれており、これには強い印象を受けました。

ところが、前述の経営者たちが、この犬舎は、たった一匹の種雄と、三匹の種雌から始められ、しかもその内の一匹は雄の妹であった、と話してくれた時、息を呑んだのでした。一〇年ほどの間、外部から別の血筋を導入することなく、この四匹を用いて、実に四千匹の犬を繁殖させたのです。これはまさしく、非常に密度の高い近親繁殖にほかなりません。私はもちろん、どういった方法で淘汰をおこなうか聞いてみました。その方式は単純でした。まず、一番大きく、頑丈な犬を選び、種親とします。第二は、よく着色している犬、すなわち、斑点が程よくあり、しかも、黒い部分が多いこと、第三は、犬をよく観察し、社交的、友好的で、穏やかであること、などを基準として種親を選別してゆく、という方式でした。

結局、こういう淘汰方式が完璧なのです。完全に健康な犬を用いれば、このように密度の高い近親繁殖によって犬を繁殖してゆくこともむずかしくはないのです。目的に反した要素が繁殖に侵入してこないよう気を配れば、これは魔術でも何でもありません。

この例を参照すれば、リーク教授が救済方法を提案するまでにおこなわれていた、繁殖におけるすべての悪がどのようなものか、推し測ることができるでしょう。

さて、次の例は、もし論理的に繁殖をおこない、ある遺伝性疾患の存在に気がつけば、際限なく犬たちを殺さずに、それを完全に防止できることを示しています。ヘッヘスト社が近親繁殖により事業を始めた時、ある犬たちに不快な歯茎の病気が発見されました。主として、下顎の歯槽が腐り、海綿状になった骨の腫瘍が発現する、というものです。このような犬たちにおいて、歯肉の壊死、化膿、口内出血が認められました。

二人は最初、この病気は餌からくるものと考えましたが、この病気に罹った犬たちの血統を調べたところ、この疾患は複数因子による遺伝病であることをつきとめました。というのは、この病気はある特定の血筋にしか発生していなかったからです。したがって、速やかにこの血筋は繁殖から遠ざけられました。このようにして、この遺伝性疾患は除去され、四千匹の内、たったの二一匹がこの病気に罹っただけですみました。原因が判り、繁殖家としての旧態依然とした誇りや不正直、あるいは、際限のない金銭欲を捨て去れば、物事はこのように簡単に運ぶのです。

また、できるだけ早期に近親繁殖の方法を用い、種親テストをおこなうべきかもしれません。もし、私が最初から、今日まで長期間、この方法を用いていなかったなら、現在、頑丈で健康そのものの、正常な犬たちと幸せに暮らすことはできなかったかもしれないのです。

近親繁殖、特に、親子兄弟姉妹間のそれについていろいろな議論があります。私はツィーゲレ一家のおかげで雄のハスキーを一匹持っていますが、これもこの種の繁殖から生まれた犬です。父犬はカムチャッカズ・バーニング・デイライトという、インターナショナル・チャンピオンで、母犬は、ファースト・デイライト・オブ・インディゴの名を持っています。しかし、この雌犬自身は、カムチャッカズ・バーニング・デイライトとケッチャズ・リトル・エクストラの間に生まれているのです。すなわち、私のハスキーの父親と祖父は同じ犬なのです。

私には、シベリアン・ハスキーの形態をいかに評価すべきか、という点についての専門知識はありません。しかし、この雄ハスキーの健康状態、作業能力、性格については判断ができます。私はこの犬に対し、第一級、しかも折紙つきの評価を与えます。この犬以上に優れた犬はいないくらいです。

結局のところ、人々はなぜ密度の高い近親繁殖を恐れるのでしょうか。そうです！ それは、この方式が容赦なく、子孫に対し、劣悪遺伝形質の発現を促すからにすぎないのです。ところが、人々はそれを認めようとしないのです。繁殖家の世界は、近親繁殖の結果、欠陥を持った子犬が生まれるのは、近親繁殖そのものが原因だ、という考えに取りつかれています。そして、この迷信のおかげで、我々の犬たちの健康はひどいツケを払っているのです。近親繁殖はそれ自身が遺伝的欠陥を生み出すのではなく、既に存在するものを発現させるだけなのです（傍線・訳者）。

さて、私は現在、兄妹間の近親交配によって作り出されたディンゴと、ディンゴとエルク・ハウンドの混血を、五代にわたって常時飼育しています。遺伝的欠陥あるいは退化の傾向は現れていません。しかし、世代毎に体格は小さくなっており、これは、私の過ちから起きたことです。種親の数をもう少し多くし、かつ、適当な淘汰方式を採用していれば避けることができたでしょう。しかし、ほかの犬たちもいたので、私は淘汰を早く始めすぎて（私は基本において純血種の繁殖と同じ過ちを冒していたのです）、種親の数を増やして系統の異なる遺伝要因を用意していなかったため、体格の縮小を招いてしまったのですが、これは、近親繁殖の結果ではなく、淘汰の方法によるものと私は今では解釈しています。

私の飼育経験は、子犬の数を六匹以内とする淘汰方式が間違っている、という最も有力な証明となっています。生まれた子犬をすべて育てるというわけにはゆきませんでしたが、今まで育てた子犬の数は四八〇匹に上ります。経済的理由から、私の犬舎の犬の数を管理可能な範囲に収めるために、出産時に多数の子犬を安楽死させざるをえませんでしたが、意識的に、ディンゴおよびその混血の子犬で元気一杯なものを一匹余分に残してきたのです。私がまず排除したのは白い毛並みの多い子犬でした。

ディンゴの場合は、運よく体格の矮小化の傾向は見られませんでした。ところが、ディンゴとエルク・ハウンドの混血においては、まったくの偶然で矮小化が発生してしまったのです。ついで私はこの欠陥を利用し、故意に矮小化を求めてある血筋を平行して育てましたが、この矮小犬の生命力に関しては非常に厳密な淘汰をおこないました。この場合も、近親交配の継続にほかならなかったのですが、肉体的、生理学的にも、性格においても、退化の傾向はまったく見られませんでした。私は非常に幸運であったといえるのでしょう。というのは、私がノルウェーから連れて来たエルク・ハウンドのビナは、明らかに強力な遺伝形質を持っていたので、この近親交配は非常にうまくいったのです。

私がこの近親繁殖をおこなっていた時代には、ビーグル繁殖のヘッヘスト社にも、ほかの犬種の近親交配による血統についての知識はありませんでした。当時の私は、動物飼育において昔から存在する近親繁殖の偉大なる経験しか知らなかったのです。それは、黄金ハムスターの例です。よく知られているように、一九三〇年代にシリアで発見され、テル・アビブで育てられた一匹の雌と九匹の子供によってこのハムスターの飼育は開始されました。それ以降、一度たりとも、野生の黄金ハムスターは発見されていません。ところが、今日までに、全世界で数百万匹の黄金ハムスターが作り出されているのです。

ほかの野生動物の近親繁殖の例を引用することも可能ですが、今まで述べたことで充分でしょう。これらの事実から、私が導いた唯一、賢明な方法は次のとおりです。種親の持つ遺伝形質が健全で、充分な淘汰をしながら近親交配をおこなうほうが、注意深く近親交配を避け、しかも執拗に劣悪遺伝形質を随伴させる繁殖方法より、はるかに害が少ないということです。劣悪遺伝形質をしばらくの間隠すことは可能です。しかし、それはほんのしばらくの期間にすぎません。劣悪遺伝子のせいで、その系類は遅かれ早かれ退化する……これは確実です……そしてついには消え去る運命にあるのです。

さて、純血犬種の消滅の共犯者になりたくない人は、リーク教授の述べる第六項が可能な限り速やかに実行に移されるよう、自分の持つ全精力、およびあらゆる合法的手段を用いるべきでしょう。実は私はこれ以上のことさえ考えています。「ある個体群の中で、遺伝疾患が頻発している場合」に限ることなく、すべての純血犬種において、予防の見地から、原則的に兄妹間の試験交配を試みるべきであると。もし、責任ある立場の人々が、本当に物事を真面目に考えているなら、この兄妹間の試験交配はすべての出生確認の基本となるべきです。

試験交配によって生まれた子犬が生殖可能年齢に到達した時……もちろん、当初に欠陥が発見されなかった場合の話ですが……この犬たちは一年間、変化のない理想的な環境で育てられるのです。ついで、肉体および精神面の検査を受ける。もしそれに合格すれば、売りさばくのは容易でしょう（もちろん、このような試みに関する費用は回収されなければならないでしょうが……）。なぜならば、彼らは上等の品質の犬たちであり、その両親および祖父母は充分良好な遺伝形質を持っているのですから、特別の資格が与えられて当然なのです。もし、犬たちが非常に高いレベルに到達したとするなら、正しい事がおこなわれたのであり、結果として安いものにつくわけです。

自分が所有する最上の犬を人に与えたのに、見返りがないとすれば合理的ではないでしょう。純血馬のことを考えてご覧なさい。政府は優秀な馬に奨励金を与えるのです。早急な対策を立てるばかりでなく、自分を犠牲にしてドイツの犬のためにつくす心掛けのよい繁殖家が、それなりの補償を手にすることはおかしなことではありません。犬の繁殖において、充分明確な規定が存在すれば、こういうことは可能であろうと確信しています。

心配なのは、正当な動物保護法案に対するあのような多数の攻撃、そして、短期的な儲けのみを考える声によって、この方法をおこなう道が、当分の間閉ざされてしまうのではないか、という点だけです。なぜならば、公的機関の立場が崩壊している時に、良心的な繁殖家（私の個人的考えでは、まだ充分な人数が存在しています）を説得することは困難であろうからです。

犬を真面目に考える人は、第七項の内容を、経験ある遺伝学者の見解と対比するべきでしょう。私は、ヘッヘスト社のビーグルの繁殖所の経営者が、斑点が程よくあり、色のなるべく黒い犬を残す、という淘汰基準を採用していると述べました。この方法にはそれなりの理由があるのです。色素が充分あることは、我々の犬たちの場合、神経系統が健康である証拠なのです。沢山の白い毛並みの犬たち、たとえば、ピレネー犬、サモエド種などは、ほとんど着色されていないにもかかわらず、よい繁殖家が育てれば、素晴らしい犬ではないか、と私にはっきりと反論する人もいるでしょう。その議論はまったく正しいでしょう。

私が申し上げたいのは、調和の取れた状態が存在する場合はそれを守るべきである、ということにつきるのです。ある犬種において価値があることが、自動的にほかの犬種においてもそうであるとは限りません。動物の世界では、明るい色と濃い色の種類が存在しており、湿度の高い地方の動物の色は、乾燥地帯のそれより濃いのが普通です。これは生活環境に対する順応であり、犬に関していえば、間接的にではありますが、今後の研究課題を与えてくれます。でも、この問題には、ここでは触れずにおきましょう。ただ、一般論として、毛色と犬の健康にはまったく関連がない、という間違った議論がまかり通ることを防ぐため、この件について述べてみました。

ともかくも、毛色のさまざまな形態が、代謝にかかわる疾患と関係する場合があることは証明されており、これはおそらく、偶然にも、それぞれの遺伝形質間に連関があるからと見られています。ということは、この問題もすべての犬種に一様に適用することは正しくはないのです。

純血種における脳と知能

リーク教授は、形態的な特徴が、ある犬種の活力にとって害になりうる、と述べています。講演の中で、彼はこう指摘しているのです。「スタンダード規定は、器官の縮小を招く場合があり、〃額段《がくだん》が大きくなく、平坦で膨らみのない頭蓋骨〃などはその一例である」。明らかに、教授は脳容積の減少にふれようとしており、それは、知能、脳疾患、異常行動に関係があるのです。

今日、社会的行動にたずさわる部分は脳の前部、すなわち、前頭葉に位置することが判っています。私はさまざまな動物の脳を調べてみました。その結果、蛙においても――もちろん、哺乳類においてはその差の度合いが大きい場合がありますが――雄よりも雌のほうが脳の前部がより発達していることが判りました（もちろん、蛙の脳は哺乳動物のそれと、系統発生学的に見れば相違があります）。私は、友人ウルスラ・ウィンクとフェリックス・ケッチの書いた猫に関する本に、野生の猫の頭蓋骨から雌雄を識別するやり方について一文を寄せたことがあります。雌猫のほうが、頭蓋骨前部がより広いのです。もちろん、雄猫の社会的行動を過小評価してはなりませんが、雌猫のほうが、子猫に対し、雄よりもいろいろなことをしてやるのです。別の言葉で言えば、雌のほうが雄より社会的なのです。したがって、意図的に脳の前部が発達していない犬を育てていけば、彼らが余り社会的でなくなったとしても驚くにはあたりません。ところで、社会的でない犬とはどんなものでしょうか？　我々が望んでいるのは、まず第一に一緒に生活できる犬であり、近づきにくい孤独な生活を営む犬ではないはずなのです。

私は犬における脳の解剖学的研究を試みましたが、技術的理由から大きな成功を収めてはいません。グリュブミュルでは解決できない点があり、この研究を困難にしているのです。でも、チャウチャウの頭蓋骨とほかの家犬、野生犬のそれとを比較している大変有益な出版物が頭に浮かびました。この研究者の内の一人は、狐の歯列の研究で知られるリュップス氏であり、彼は、ベルヌの自然歴史博物館のヒューベル氏と以下の事実を発見したのでした。

チャウチャウは、同程度の体格の犬と比べて頭蓋骨は平らで、脳容積が少ないのが明白です。この結果に勇気づけられたこの二人の研究者は、頭蓋骨が小さい――脳の容積の少ない家犬を分析し、次のような比較をおこなう動機を得たのです。彼らは、ベルヌの博物館に、バタック犬（この犬はスマトラ産で、おそらくディンゴの近い先祖と考えられますが、今日では純粋な形で発見するのは事実上困難です）、エジプト産のパリア犬、スイスの湖水地帯の都市で発見された、泥炭層のスピッツ犬、インド産ジャッカルなどの頭蓋骨を収集したのです。

結論として、脳容積に基づいて家犬と小型狼、大型ジャッカルの類いを区別するのは困難であることが判りました。すなわち、インド産ジャッカルと家犬の間の交雑の可能性について完全には否定できない、ということになります。

リュップスとヒューベルはこうも付け加えています。上記の四種の犬を調べ、同じ程度の体格の家犬と比べると、平均して四種の脳容積は比較的小さいことが判るのです。この点からすると、バタック犬、チャウチャウ、パリア犬は、家犬よりジャッカルに近いことになります。しかし、そうだからと言って、これらの犬たちがジャッカルを祖先としていることに疑いがない、と結論づけるのは軽率でしょう。原始的な家畜化の過程で、すべての家畜動物において、脳容積が減じたことが認められています。したがって、昔から人々が考えている通り、チャウチャウは、スマトラ産のバタック犬と近縁の原始犬である、とすることは想像可能です。二人の著者は、「原始犬の問題はまったく未解決であり、今後の研究が必要である」と公言しているのですが、敢えて、個人的見解を述べてみたいと思います。中国において、食肉用に、チャウチャウを多数飼育していた時代には、人々は、この動物が犬であることを忘れていたのではないでしょうか。このスピッツタイプの犬が英国からドイツに来たのは、一九三〇年代のことですが、英国においては、一七八〇年頃から既に飼育されていました。この当時のチャウチャウは現在のそれと著しく異なるものでした。人々は口吻を短く作ろうとしましたが、その代わりに頭蓋骨が広がり、相対的に口吻を短く見せるようになったのです。私の見事な黒チャウチャウ、ブラッキーが心筋梗塞で急死した後で、その頭蓋骨をよくよく手に取って見て驚きました。非常に力強く見えていた、潰れた鼻のついた顔面にはとても見えないのです。私は当時、この顔つきは口吻が短いためだと考えていたのでした。その頭蓋骨は、同じ年齢のディンゴのそれよりはるかに大きく、この雄のその他の部分の骨格も、私の原始ディンゴたちより大きかったにもかかわらず、頭脳容積を比較すると同じくらいなのです。

コンラート・ローレンツは、チャウチャウの持つ「狼的性格」を説得力のある方法で説明しており、それを「一人の飼い主の犬」と呼んでいます。一九六八年に、リチャード・グリン社により出版された、世界の犬種についての本のドイツ版を私が書いた時も、私は、ローレンツの仮定と同じく、チャウチャウと狼との類似性を信じていました。しかし前記のスイスの研究者の調査結果を踏まえ、また、自分の見解から、今日では別の考えを持っています。この犬は、人々が信じているように馬鹿なのではなく、頭脳容積が少ないために単純な性格なのでしょう。でも、「平らで広い頭蓋骨」は、この犬種の場合、もっと重要な性質を示しているかもしれません。こういう頭蓋骨のおかげで、社会的行動の発達が充分でなく、一人の飼い主にしかなつかない、ということなのです。

さて、脳に関しては、質の問題が容量より重要だということも事実でしょうが、脳に関する研究の結果判明した事柄を忘れ去るわけにはゆきません。すなわち、ある事柄に関する脳の働きは、それを司る脳の部分の発育に関連があるということです。私はここから軽率な結論を出すつもりはありませんが、平らな頭蓋骨を持つ、私のオーストラリア産ディンゴは、ニューギニア産ディンゴとの混血犬よりはるかに社会性に乏しいのです。そして、丸い頭蓋骨をした、純血ニューギニア産ディンゴのリュクスル一世、二世は、比較にならないほど社会的です。

この脳の問題をしめくくるために、生まれたばかりの子犬の脳の前部は、成犬のそれより発達しており、ある時期までその傾向が残る、という事実を述べておきたいと思います。子犬より社会的な成犬が存在しないのは確かです。既に説明した通り、子犬が生存できるかどうかは、その社会的行動にかかっているのです。このことには考えさせられます。子犬のすることといえば、周囲の気を引くための行動だけではありませんか！　そして、年長者から学び、その真似をする性質が、どんなにか子犬に備わっていることでしょう！

英国で仕事を続けている、オランダの生物学者ハーフィン・デ・ヴァールは興味ある仮説を発表しています。彼は、人間の丸い頭はチンパンジーの子供のそれとまったく同じものである、と考えているのです。彼が言いたいのは、系統発生的な発展における進化は、適応がより容易な若い時代の状態が保たれることによって起こり、それが「種」の変化をもたらす役割をする、ということなのです。この仮定は大胆であると同時に魅力的でもありますが、事実を別の方法で解釈することももちろん可能でしょう。そして、我々にとって重要なのは、魅力的な仮説ではなく、事実のほうなのです。頭が丸いというのは、頭脳

脳の縦の中心線が水平になるように置かれた頭蓋骨各種。また、脳の大きさが大体同じになるように寸法を調整してある。脳が小さな犬において、顎は特別大きく見える。

二歳のアラスカのハイイロオオカミ。ほかの野生種と同じく、前頭洞と鼻骨組織が平らな横顔に見せている。

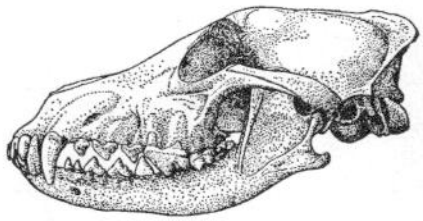

三歳半の雄ディンゴ、アボ二世。他の家犬と同じく前頭洞は余り発達していない。眼窩は狼と比較して縦長であり、正面の前頭骨突起は前方に出ているため窪みがより大きくなっている。

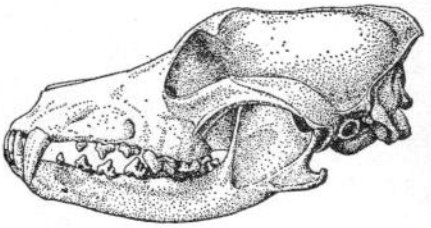

三歳の雄ドイツ・シェパード。この犬の場合、前頭縦洞と前頭骨がより発達しているとは言うものの、むしろ狼に似通っている。

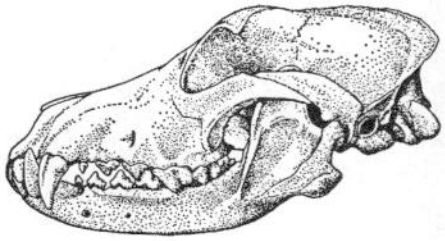

三歳の雄エルク・ハウンド。眼窩は斜めになっておらず、前頭の縦洞はより大きい。

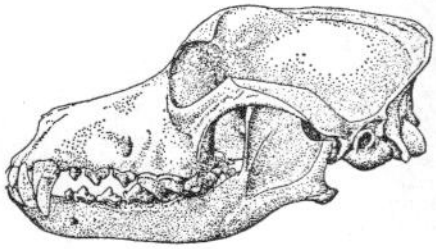

二歳の雄チャウチャウ。前頭縦洞が非常に大きいので横顔の線がその間に深く窪んでいる。両顎は比較的大きく厚みがある。脳容積が同じであるにもかかわらず、ディンゴ、ハイイロオオカミと比較すると頭蓋骨全体がはるかに大きい。

の正面部分が比較的発達しているということです。チンパンジーの子供は、子犬と同じく社会的関係に依存していると同時に、学習する存在です。しかし犬はチンパンジーと同じく、というより、それ以上に社会的関係に依存しているのです。最後に、人間も社会的関係に依存し、学習する存在であることはもちろんです。

しかし、これらの事実を説明する時に私が重きをおくのは、頭蓋骨の特徴より、むしろ脳の発育具合なのです。脳の一部は、額の頭蓋冠と正面の鼻骨の間にある前頭洞によって隠されている可能性があります。口吻が長く発達している場合、私自身が実施した頭蓋骨の調査によれば、前頭洞は適応の過程において変化せず、脳を保護しつつ、頭蓋骨の一部と口吻の一部を連結しているのです。前頭骨の形は頭蓋骨が平らであると思わせますが、その内側では、社会的行動を司る脳の前部が発達しているのです（これが本当の犬らしさです）。私は、レントゲンあるいは頭蓋骨の標本によって、正確な比率を求めるべきだと思っています。かなり前から、純血犬種の飼育にとって、この問題は非常に重要な研究課題であると考えているのですが、まだ、その範囲も正確に把握できていませんし、それが持つ意味も充分推定できてはいません。

正直なところ、この問題をそろそろ終わりにしたいのですが、結局一番重要なことは、私が既に本書でしばしば指摘してきた通り、この問題をほかの身体構造にまで広げて考えることなのです。確かなことは、形態、あるいは毛色の特徴などは、単に犬の飼育の伝統とだけ結びつけて考えられるべきではありませんし、また、スタンダードの狂信的基準に委ねられるべきものでもないのです。もし、犬の幸せを求めるならば、それらは批判に晒される必要がありますし、場合によっては、充分な研究により明らかにされるべきです。

さて、リーク教授の第八項に移りましょう。この項目においても、教授は自説を述べるのに穏当過ぎるように思えます。私は、もっとはっきり物事を言うべきであると感じています。私は自分の将来のことを念頭におかなければならない研究所の教授ではなく、ほかの人たちと同じ、一介の犬飼育者ですから、教授の意見をもっと明確に伝えてみましょう。

審美のための飼育。グレート・デン、ボクサー、ドーベルマン・クラブ、そしてそのほかの断耳主義者たち

この事件は、一九七三年、世界犬学会議を機会に開催された、世界の犬展示会で起こりました。私の友人は、ある純血種犬を購入し、よく確かめもしないで、すぐ審査員のところに連れて行きました。彼はただ、自分の犬がどの程度の値打ちのあるものか知りたかったのです。急いで犬を購入したため、動物学者として気がつかなかった事項が、経験ある審査員の目によりただちに明らかとなりました。この犬の睾丸の一方が体内に滞留していたのです。飼い主と犬は首をうなだれ、こそこそと家に帰りました。そこまではよいでしょう。この不適格理由は、遺伝学者の見解と一致しています。一方、犬と飼い主はその犬

種のクラブに属していたので、クラブの責任者は彼らの屈辱がよく理解できました。この人は大変親切だったので、帰宅すると、私の友人に次のような助言を与えたのです。「獣医師に頼み、もう一方の睾丸を下ろしてもらいなさい。そして、別のドッグ・ショーに出展してご覧なさい。この些細な遺伝的欠陥を考えなければ、あなたの犬は美しく、チャンスがあります」と。「このような手術を受けた犬は繁殖から除外されるべきです」と前日、遺伝学者が犬学会議でおこなった宣言を、このクラブの責任者は拝聴していたと信じたいと思います。しかし、ドイツ畜犬協会が大変な努力を払って企画したこの盛大な催物の、科学に関する部分は、おそらく、この人の関心を引かなかったのでしょう。何人かの人々にとっては、科学的研究は科学者の趣味の一種のように思えるらしいのです。こんな話を持ち出すのは、これこそが、責任ある立場にいる人々が、よき理解者の重要な注意を無視し、純血犬種の運命を如何に軽々しく考えているかを示す恰好の例だからです。

さて、外科手術により、望ましい形の耳を得ることができます。多数の純血犬種において、スタンダードの規定に基づき、耳を立たせるさまざまな方法が取られています。また、たとえばドイツ・シェパード（これ以外にも多くの犬種が考えられるでしょう）の垂れ耳は、外科手術でも、血を見ることのないマッサージでも直立させることができます。このちょっとしたいかさま、不正行為は、後輩の繁殖者に少なからぬ問題を引き起こします。というのは、ドイツ・シェパードにおける垂れ耳は、それだけの問題ではなく、より広範な退化の証明でもありうるのです（もちろんすべての場合にそうというわけではありません）。動物とはそういうものなのです。動物とは、別々の部品で成り立っているのではなく、ある部分の変形が、他の部分の変形と緊密に結びついているのです。ある生物とは、種々の特性の集合体です。すなわち、その中に存在するある特性が変形すれば、その集合体は、種々の形で、また、程度の差こそあれ、脅かされるのです。

第二の毒矢を放つ前にいくつかの考えを述べてみましょう。少年時代に私が読んだ最初の犬の本は、『センタ、黄色のグレート・デン』です。これは、動物を愛する人々から尊敬されている、動物専門作家、パウル・アイパー先生の筆によるものでした。戦中、同じような色の馬を貰った時、私はこの本を思い出してセンタと名付けました。話を続けましょう。私は父が狩猟のために飼っていた、スパニエル種の犬と一緒に育ったのですが、幼いころの私に、一番強い印象を与えたのは二匹のブチのあるグレート・デンでした。この犬たちの美しさは脳裏に焼きつき、一生忘れることはないでしょう。おまけに、一八八八年設立のドイツ・グレート・デン・クラブは、私の仕事について敬意を払ってくれているのです。さて、あれやこれやで、この章でこの犬を批判することは、相応の感謝の念を欠くことでしょう。正確な表現を用いれば、私は人間がこの犬種に対してなした仕打ちを責めるのです。多分、それは、私がこの犬を愛するところからくるものなのです。

さて、私の毒矢です。グレート・デンの耳に遺伝要因はまったく関係なく、それは手術の産物であり、術後は、私も多少は経験した絆創膏処理がおこなわれます。これについては既に触れました。私はこの件に関し、世界中のグレート・デン飼育家に聞いてみたいのです。こんなに素晴らしい動物を虐待しなければならぬほど、お金というのは価値のあるものですか？

私はいつも、グレート・デンと狼の間に存在する、無限にも近い相違について考えます。原始犬から始まって、このように素晴らしい犬を作り上げた繁殖の仕事には、どれだけの経費がかかっていることでしょう！　犬の飼育に関してある程度の知識を持っている私には、まさに、奇跡を見る思いがするのです。ところが、中世の終わりに、名前は誰でもよいのですが、封建領主の何人かが、農奴に世話をさせていた自分の犬をよその犬から区別するため、断耳、断尾を施すことにしてしまいました。この残酷で思いやりのない、動物愛護の概念などまったく存在しない時代から、犬を単なる物品と見なす法的基盤が確立し、一八八八年に作成されたスタンダードが導きだされたのです。さて、それから八三年経っても、スタンダードはこう述べています。「耳・相互に余り離れ過ぎず、上部に付き、頭部と調和を取りつつも、ある程度長く、尖った形に切断されるものとする。両耳は均整が取れて、曲がらずに直立していなければならない。この規定に反する場合は、それなりの減点項目となる」。

明らかなことは、もし、誰かが絆創膏を誤って少し歪んで張りつけ、そのために両耳の均整が充分取れていないとするなら、このような犬は繁殖においては（傍点・訳者）価値が低いのです！

その少し後で規定はこうも述べています。「垂れた耳や、余りにも短く切られた耳を持ったグレート・デンは〝優秀〟と格付けされてはならない」。つまり、断耳をおこなった人の過ちの責任を犬がとらされているわけなのです。こうもつけ加えています。「断耳されていないグレート・デンはショーより除外される」。私が大金持ちで、世界で一番すぐれた、世界チャンピオンのグレート・デンの雄雌を購入することができたとします。二匹で大体、一五万ドイツマルクはするでしょう。彼らが、優れた遺伝形質に恵まれていることは明らかで、さもなければ、チャンピオンを取るまでには至らないわけです。この二匹を持っていたとして、私は犬の繁殖を始めようとします。生まれた子孫は多少なりとも大きく折れ曲がった耳を持っています。ところが断耳に反対であるために、私はこの素晴らしい遺伝形質を、グレート・デンの飼育界から失わせることになるのです。私が変人で、こうした手術を実施しないせいで、子犬たちがショーから除外されてしまうからです。

多分もう少しくわしく述べる必要があるでしょう。私は論理好きです。そして、その傾向をどうすることもできないのです。さて、その飼い主が動物を愛し、単なる外観の美しさを保つための外科手術を受け入れなかったということが理由で、健康な、しかもよい遺伝形質を持った犬たちがどうして繁殖から除外されるのか、なんとも判らないのです。断耳を受けていないグレート・デンは遺伝的欠陥があるというのでしょうか？　また、耳が自然の状態にある犬は価値が低いのでしょうか？

繁殖家たちの団体は、思想と行動の民主主義的自由によって、人間がどれほど種々の面で進歩を遂げたか、お判りになっていないのだと思われるのです。彼らは教条主義の塊で、信仰の教義を守るために、教皇連中が模範にしたいようなありさまです。もう少し、民主主義的なやり方で物を見るべきではないでしょうか。これは、グレート・デン・クラブのみではなく、ボクサー、ドーベルマン、シュナウザーなどのクラブにもいえることです。

断耳するかどうかは、各飼育者の自由に任せることはできないのでしょうか？

なぜならば、断耳をしたからといって、その犬種の遺伝形質は、少しも変わらないからです。最終的にはこれこそが大事であり、ほかはどうでもよいのです！　犬種は断耳により改良されるものではありません。おまけに、今後数十年の間に、徐々にではあっても、断耳以前の耳の形が断耳後のそれに近い犬の価値を増大させることになり、この犬種の改良の可能性は失われてしまうのです。

ドーベルマンの先祖には、立耳の犬が存在しました。でも、それらが増えることはありませんでした。というのは、人々がほかの特徴にしか関心がなく、断耳の道を選んだために、もし、繁殖方法が適切であったなら存続したであろう立耳の性質は失われてしまったのです。

こういった問題も残ります。もし、狼から始めて、シュナウザー、ボクサー、ドーベルマン、グレート・デンを作り上げたとするなら……すさまじい変形です……なぜ少しずつ立耳の犬を作ろうとしなかったのでしょうか？　なにしろ、かくかくしかじかの犬種は、垂れ耳では美しくないとして、立耳にしているのですから。犬の繁殖とは、永続的に続けられるべき仕事であり、その改善への意欲そのものであるべきではないのでしょうか？　それとも、既に、到達すべき頂点に立っていると考えているのでしょうか？　もし、かのローマ人たちが昔、自分たちについてそう考えていたとするなら、我々は再び、狼を捕らえ、家畜犬を作り始めなければならないのです……。

さて、リーク教授の最後の要求項目に移りましょう。私には沢山の繁殖家がこう述べると容易に想像できます。「俺たちの生活を苦しくするのに役立つような科学研究に金をつぎ込むなんて、馬鹿なことを。研究の結果、犬を大量生産できなくなったらどうしてくれるんだ！」

純血種は消滅するのではないか？

現在、ドイツ畜犬協会に所属している純血犬種クラブの繁殖家の中には、裕福になるため、犬の偽繁殖をおこなおうとする者が常にいます。遅かれ早かれ彼らは発見され、関係クラブから締め出されています。

今日では、考えを同じくする人々を見出すと、いくつかの法的要件を満たしさえすれば、誰でも協会を設立することができるのです。したがって、ドイツ畜犬協会に属さず、他の種類の主要協会に加入し、異なった方針の元に活動する場合もあります。

また、ある犬種の同じクラブ内に、非常に立派ではあるが、それぞれ意見を異にする二人がいて、お互いに攻撃しあう場合もあるでしょう。なぜならば、犬たちと同じく、我々も一人一人異なっているからです。したがって、犬を真面目に考えている一人であるにもかかわらず、ある人はクラブに背を向け、繁殖における利益などどうでもよい、と考えるかもしれません。この背教者が自分の名誉を、取りわけ、健康で完璧な性格を持つ犬の繁殖に賭けているとしましょう。しかし、彼に何ができるでしょう？　自分のところで生まれた子犬に対する血統書は、彼がその会員であろうがなかろうが、クラブによってしか取得できないのです。そして、この書類が無いとすれば、誰もその子犬たちを購入せず、彼も自分の所に置いておくことは到底できません。したがって、彼はドイツ畜犬協会に所属せず、大量生産をおこなっている繁殖家にも書類を発行する、ほかのクラブにゆくことになるのです。

もし、ドイツ畜犬協会が、所属クラブに対し、科学的な知識の味方をしない繁殖家たちを厳しく取り扱うようにと忠告すると、それに所属せず、書類をいとも簡単に発行してくれるクラブが溢れてしまうことになるでしょう。もちろん、このようなことは、スタンダード規定がより整備され、繁殖管理官の質がより向上することを協会が望まなければ起こりはしません。しかし、万一そのような事態になったとしても、その影響について語る気分にはとてもなれません。なぜならば、そのなりゆきには興味がないからです。

私の書類の中には、私よりはるか以前に、繁殖方針の改善を訴えていたであろう、年配の繁殖家からの手紙が数通あります。彼らは諦めきっており、私が犬の繁殖にかかわっているのを大変好意的に受け止めてはいるものの、私が成功するとは考えていません。

いつか、辞書の中に「純血犬種」として、次のような記述が見られるようになるでしょう。「純血犬種とは、スタンダードと呼ばれる規定、ドッグ・ショー、あるいは、極めて特殊な作業能力などの手段を用い、異なった形質または性質の中に、狼の家畜的特性を残そうとして、一時期試みられたものである。それは、古代、中世における良好な結果にもかかわらず、基本的な生物学的知識の欠如ならびに商業主義によって、失敗に帰した」

もちろん、我々誰一人として、この記述が辞書に現れる時には生存してはいないでしょう。現在でも、犬たちにはよい遺伝形質はまだ充分なほど存在するのです。「種」というものはそんなに急に滅び去るものではありません。でも、我々が今日おこなっているすべてのことは、曾孫たちが、純血犬種というのはいかなるものであったかを見るためには、博物館にゆかなければならなくなるように仕向けているのです。

しかし、このように嘆かわしい状況が見られるにせよ、商業主義によって毒されず、科学的研究が犬の飼育に有益であることを願う何人かの人々、すなわち、学習する用意のある人々を頼りにすることができるのかもしれません。

もし、すべての犬種に、そして世代毎に、正常な犬が三匹しか生まれなかったとするなら、その犬種は自然に消滅してしまうでしょう。

動物の「種」の境界について

別の「種」の動物の間には、「繁殖の垣根」が存在するはずだ、という科学の仮説があります。すなわち、二種の動物間に子供が生まれないか、もし生まれたとしても、それは生殖不可能だ、ということです。

犬と狐を交配しようとするすべての試みは失敗に終わりました。この交配の成功を伝える主張が何度もなされましたが、科学的な精査によるとその証拠は充分ではありませんでした。もっとも、この交配がうまくゆかなかったとしても、驚くには値しません。というのは、犬と狐は、「種」も「属」も異にしているからです。このように子孫が取れないのは、何よりも、この二種の動物の生理がまったく異なっているからです。

この、交雑の問題について非常に驚くべき例もあります。狼とコヨーテが「種」を異にし、ジャッカルと共に同一属（訳注・犬属）と考えられていることを誰しも本気で疑ってはいません。いっぽう、北アメリカに住む狼はコヨーテを、また、南ヨーロッパ、アジアではジャッカルを獲物と見なしていますが、合衆国南部における状況はまったく異なっているのです。

そこにいるアメリカオオカミは、毛色は灰色であるにもかかわらず、「赤狼」と呼ばれ、特別な亜種に分類されています。ステファン・シーターによると、この狼は昔、合衆国南東部にいたのですが、人間の入植が進むにつれて絶滅させられました。絶滅には、合衆国政府が政策の一環として、積極的に加担したのです。「環境問題に何らの配慮を払うことなく、政府の了解を得て、人々は数万匹の赤狼を容赦なく殺戮した。一九六〇年から六三年のわずかな間に、アーカンソー、オクラホマ、テキサスにおいて、狩猟管理人により、一万二七五匹の赤狼が撃ち殺された」。

自然に対する無理解は過去のものではないのです。現在、赤狼の生存数は三〇〇余匹にすぎず、北米における動物の中で最も絶滅の危機にさらされています。右の指摘に続いて、野生動物保護基金はその保護を次の通り訴えます。「人間が繁殖領域を奪ってしまった赤狼の危機的状況を観察するなら、最後の救援手段……可能であれば緊急に……のみに成功の可能性がある。不幸なことに、処置が遅れたので、その成功の可能性も非常に低い」。

この一件はほかの理由からも絶望的です。「赤狼の大量虐殺の結果、獲物となる動物が自由の身となり、生態系が変化し、エドワーズ高原の西ではこの結果、赤狼とコヨーテの交配がおこなわれるようになりました。この混血は急速に東に広がり、純粋の赤狼の残されたすみかを占領することになったのです。赤狼の数が非常に少ないことに加え、この交雑の結果、純粋の赤狼は減少し続けています」。

漁場・野生動物管理事務所の一九六六年の報告によると、赤狼は相手の不足から、野良犬とも交配しているとのことです。

北米のほかの地方では、コヨーテもこの種の交配をおこなっています。農家によっては、発情した雌犬を交尾させるため、コヨーテの生息地域に鎖でつないでおきます。モントリオール公園地帯では、当初、コヨーテの遠吠えに夜間悩まされたのですが、しばらくすると、遠吠えは犬の吠え声に変わってきました。少数であったコヨーテは犬の血に吸収され、吠え声が幅を利かせるようになったのです。

繁殖の垣根、習性の相違、性の不在

前項で述べたように、繁殖の垣根は、必ずしも生理学的な理由によるばかりではなく、純粋に習性の相違に根ざしている場合もあります。また、性的な相手が不足すると、この習性の相違が取り除かれる例もあるのです。

これが家犬とジャッカルにもあてはまります。この二種の動物は、一定期間一緒に生活し、正しい方法で相互に慣れ親しまないと交尾をおこないません。この件については、ウォルフ・ヘーレと、最近になって、その弟子でキール大学家畜研究所の、ルディゲール・

ヴァンドレイも証明しています。

　再度、アルフレッド・ザイツの話ですが、彼はこの方法で、ジャッカルとコヨーテを交配し、その子たちが繁殖可能であると同時に、両親の一方とも繁殖ができることを明らかにしました。

　最近の研究によると、狼、犬、キンイロジャッカル、コヨーテは、等しく七八の染色体を細胞の中に持っており（したがって、生殖細胞においては三九）その寸法、形にも大きな相違はありません。

　この事実は、ハンス・フォン・レンゲルケンのかつての見解と同じです。彼は、狼、ジャッカル、コヨーテは、ある意味において、近縁者であると述べています。系統発生的にまだ新しい「種」に属する動物間においては、厳密な境界が存在しないと考えられるのかもしれません。オットー・アントニウスも東アフリカ北部のジャッカルの一種を、小型狼と見なしています。

　いずれにせよ、彼らの関係は単純ではないようです。私は、かつてフライブルクで、ジャッカルだという子犬を二匹入手したことがありました。アリとベンと名付けられたこの雄犬たちは、ディンゴやディンゴの混血と交尾したのですが、子犬を育てた実績のある雌犬と交尾しても子犬はできませんでした。その雌犬はどうも受胎したようだったのですが、妊娠の第二期に胎児は吸収されてしまったようなのです。これはあたかも、本当に繁殖の垣根が存在するかのようでした。ところが、彼らは普通のキンイロジャッカルではなかったのです。プラハの動物園には北アフリカで捕獲された雌ジャッカルがおり、私のジャッカルに大変よく似ていました。その雌はハイイロジャッカル（*Canis lupaster*）と呼ばれていたのです。ひょっとすると、この種は独立しており、犬とは交配不可能なのかもしれないのです。少なくとも、私の犬たちとではそうでした。だとすれば、一部の分類学者が信じているように、インドのジャッカル（*Canis aureus*、キンイロジャッカル）とは関係がないのでしょう。アフリカにはこのほか、「ヨコジマジャッカル」（*Canis adustus*）、あるいは、「セグロジャッカル」（*Canis mesomelas*）などが住んでいますが、慎重な分類学者は犬属動物とは見なしておらず、トスという別属であるとしています。通常のジャッカルと異なり、これらは犬と交配しません。

さて、動物学的には大変興味あるこのような問題は終わりにして、狼の血を導入することにより、どの程度、犬を改良できるのか、という主題に戻ろうと思います。グリーンランド人は、発情した雌犬を狼と交配させる、という説があり、またシベリアの橇犬の繁殖家も同じことを述べています。確かにハスキーの中には、狼に非常に似た個体が存在するのです。北極地方の犬たちの中には、まだ狼に相当近い原始的な種類がいてもまったく不思議はありません。

狼と家犬の交配

狼と家犬の混血を観察すると、既に述べた混血についての話が本当なのか、とまず疑いを持たざるをえません。狼の持つ荒々しい「恐怖による噛咬」を見ると、北極地方の犬たちの落ちついた態度は説明困難です。

狼は、特別に取扱いやすい個体を除けば、ディンゴとまったく同じであり、野生動物特有の生まれながらの恐怖心、恐れからくる慎重さなどは、すぐ慌てて逃亡しようとする性質として現れ、人間が「良き犬」に対して持つ期待からはほど遠いものがあります。しか

生後七週目のハイイロジャッカルのアリ。ジャッカルは犬より早熟であり、刷り込み時期も早く訪れ、六週目には終了してしまう。

し、人々の頭脳には、童話による「危険な野獣」のイメージが深く植えつけられており、このために狼と家犬の交配が何度も試みられてきました。ドイツ・シェパードは、狼に外見が似ているところから、理想のパートナーと思えるのでしょう。狼と家犬の混血により、その子孫に強い性質を残そうという単純な動機から生じた結果は、常に苦い失望しか生み出しませんでした。

フォン・ステファニッツ騎兵大尉は一二ページにわたって、このような混血の試みはまったく意味がないことを証明しています。このことがどのように説明されているかをちょっと見るため、数行だけを引用してみましょう。「ドイツ・シェパードの頭部および体軀の形は、狼の血を導入することによって乱されるだけである。シェパードにおいて体力や大きさなどについて欠陥が存在する場合はありうるが、繁殖を注意深くおこなえば、これらの点の適切な改良が可能であることが判っている。にもかかわらず、なぜ、狼の血を入れるのか？　混血により、犬の性格と資質は破壊されるだけである。今日、牧羊犬と狼の間に何ら共通点は存在しない。また、混血により、攻撃性も増加されず、逆に、荒々しく、恐怖から嚙む個体しか得られないのである」。これでもう充分でしょう。

右記にもかかわらず、一〇年ほど前、カーレル・ハルテルの指導の下、チェコスロヴァキアにおいて、ドイツ・シェパードの品質改良を目指し、大規模な実験繁殖がおこなわれました。ところが間もなく、この結果をふまえて、新しい犬種「狼犬」を作り出すことが決定されたのです。現在、暫定的なスタンダードを作成し、それに基づきこの犬を四代にわたって牧羊犬と交配し、正確な目標を目指し厳しい淘汰をおこなっています。これに費やされている努力、作業は非常に大きなものがあり、はたして将来、結果が支出を正当化するようになるのか私には判りません。野生の血を混入し、新しい犬種を作る試みをおこなう勇気などは私にはとてもありません。好ましからざる野生の性質を除去するためには、必要な淘汰をおこなう以外ありませんし、この淘汰によって、今までにないようなスピッツ牧羊犬を作り上げることができたのでした。しかし、これも、牧羊犬から出発しての話なのです。

今、育てている品種に一回の交配で、異なる品種の特性を植えつけるのは、大仕事です。さて、アイリッシュ・ウルフ・ハウンドをグレート・デンに交配し、体格を大きくしようとした人がいました。試みは成功はしましたが、簡単なことではありませんでした。しかも、これは、外から見て判る特徴の話です。テリアの剛毛をダックス・フンドに導入しようとした例もありましたが、それにより、子孫にはテリア特有の攻撃性の増加が見られることになってしまいました。

ある勇気ある飼育家クラブは、チャウチャウとキースホンドを用いてユーラシア犬を作り出しました。最初の種犬が非常によい資質を持ち、そして、遺伝形質を豊富にするためその数が多い場合は、根本的に非常な成功をもたらしたのです。要求される犬の基準が非常に厳密でしたから、当初から目的に合致しなかったり、どちらかの親に近過ぎる個体は淘汰されたので、非常に早くから近親交配がおこなわれる結果となりました。もし、当初の種犬たちが健康な遺伝子を充分持っていない場合は、こういう淘汰方式によって、劣悪遺伝が集中するようになってしまうわけです。

このような試みをおこなう場合、まず近親交配を実施し、その結果生まれた良質な遺伝形質を持った犬たちのみを種犬に選ぶべきなのです。このようにすれば、虚弱、神経質、あるいはほかの好ましくない性格を持った個体が生まれる危険は減少します。

農業における交雑において、ある種のすべての個体が、その遺伝形質から見て、ほかの種と交雑可能とは限らないことが明らかにされています。交雑される二種の遺伝形質の調和がとれている必要があるのです。したがって、交雑に使用される二犬種の中に、前述の方式を用いて試験された純粋の血統を作り、その後で本格的な交雑をおこなわなければなりません。このような「事前準備」をするには、充分な遺伝学の知識が要求されるのです。したがって、そういった知識のあるユーラシア犬の愛好家グループは、互いに協力し、最初からやり直そうとしています。というのは、現在までに得られた結果は彼らにとって満足のゆくものではないからです。しかし、この種の試験的飼育には多額の費用が掛かるので、相当な財政的手段がなければ、大成功を収めることはできないのではないか、と私は危惧しています。

これ以外にも、時によっては何種類もの犬を交配し、新しい犬種を作る試みがなされましたが、成功例は非常に稀であり、個人的犠牲は大変高くついたものです。

ここまでの犠牲を払う気持ちがあるなら、既存の犬種を考え直すべきである、と私は思います。なぜなら、それらを改良する方法はいくらもあり、そして、新犬種を作るのに比べて、問題にならないくらい成功の確率は高いのですから。

しばらく前に、盲導犬に適した品種を育てようとしている、オーストラリアの遺伝学者の訪問を受けました。我々の見解は一致していました。農業における交雑を真似て二つの犬種から出発し、作業犬を育てたとして、その犬たちの繁殖を続けるのが好ましくないと考えられる結果が出た場合はどうしたらよいのでしょう。

私は以前に、「交雑の効果」、「雑種の優越」そして「雑種強勢効果」について述べたことがあります。これらはすべて同じことを意味しています。二種の個体の異なった遺伝子が出合うと、その子供の資質はある種の改良を示す場合があります。一つならずの点において、両親を凌ぐのです。これは、私の犬舎の場合、ディンゴとエルク・ハウンド間の交配ではっきり見られました。

ところが、この交雑動物間の繁殖を続けると、この効果は非常に早く消えてしまうのです。したがって、このような効果を期待するためには、第一世代の繁殖に留め、必要あれば、平均的に優れているこの雑種を得る目的で、両親の犬種を峻別して育て続けるべきです。

ストリクスィーとステラ

既に述べたとおり、両親の素質というものは注意深く調べられなければなりません。私の飼育の経験から得た一例をお話ししましょう。ディンゴとエルク・ハウンドの混血犬の中で、雄犬のビョロンを母犬のビナと交配したことがあります。子犬たちは、ビョロンやその姉妹ほど完全ではないものの、結果は大変満足のゆくものでした。ついで似通った方法を、町の雑種犬ストリクスィーに試みてみました。この雄犬はある雌ディンゴと交尾をしたことがあったのですが、そこから生まれた雌犬は、まったく「雑種の優越」を示さず、この娘犬はストリクスィーと交尾した結果（つまりこれも親子間の交配です）、非常に奇妙でしかも直ぐ死亡することになる子犬を数匹産み落としました。子犬たちを調べてもらったところ、大多数の器官に退化の兆候が見られたのです。

したがって、悪性の遺伝子を持ってきたのはストリクスィーなのでした。私は二回目の出産も試み、純血犬種にそれが起きた場合、私なら批判するに違いないいくつかの点を発見しました。子犬たちを育てる時、私は両親を助けてやり、前の子犬たちが死んだ危機的な時期を乗り越えさせることができたのです。これら三匹の子犬の大きさはバラつきが激しく、全部が雌でした。一匹は父親のように黒く、もう一つは中位いの茶色、一番小さな犬は赤みがかった明るい茶でした。私はこの最後の犬に特別な価値と興味を見出しました。この犬にはステラの名が与えられ、どうにか育ちましたが、本当に、まったく小さい犬になりました。私自身が育てたにもかかわらず、この犬はだんだん人嫌いになり、その点では、スティナという「臆病犬」よりはるかにひどいありさまでした。今日では四歳になるのですが、奇妙な性格で、呼べば遠ざかり、ある一定の距離まで離れると愛情深く尾を振り、そして、時によっては溢れんばかりの愛情を示すために突進してきます。でも、それも数秒の間で、彼女は自分の大胆さに恐れを抱き、怖がって逃げ出すのです。この犬は台所の一隅で家具に隠れて過ごし、餌をやる時しかそこから動かすことはできません。それ以外、彼女はまったく独立した生活を送り、好きな時に出たり入ったりして、ほかの犬にはほとんど構わず、虚勢を張ったりするのです。若い時甲状腺肥大となり、非常に神経質でした。しかし今では、この問題は解消しました。子犬を産んでから、根本的な変化が生じたのです。

私はこの小悪魔は発情することはあるまい、と考えていたのですが、それは間違っていました。だんだん腹が膨れてきても、まだ半信半疑でしたが、確かに妊娠しているので、私は恐ろしくなりました。生まれながらにこんなにも恵まれていない小さな犬が分娩をやりおおせられるのでしょうか？　父はクヌートでしょう、というのは、ほかの雄犬たちはその時自由に歩き回ることが許されていなかったからです。さて、クヌートの体高は、この雌の三倍もありました。

もちろん私は分娩に立ち合い、この奇妙なステラが完全に健康で元気一杯の八匹の子犬を、経験のあるディンゴがやってのけるように、無造作に産み落としたのに目を丸くしました。私には理解不可能なことだったのです。しかし、これは、純血犬種の飼育において、劣悪遺伝子が発現しない現象によい説明を与えてくれます。純血種において、虚弱な子犬たちが丁寧に世話され、それが原因で非常に素晴らしい犬になる場合があります。そして繁殖家は、その中の雌犬が、まったく健康な子犬を分娩し、ステラのように完全に育てるのを見て胸を撫でおろすのです。

子犬たちは元気に育ち、利口で活発、母犬よりは大きく、父犬よりは小さい犬になりました。これがまた「雑種の優越」現象なのです。このようなことは、犬の飼育において、時として起こりうるのです。つまり、同じ犬種であっても、長期間遠ざけられていた血筋が出合うと、一度ならず、重要な劣悪遺伝形質を隠蔽してしまうのです。

ステラはその後二回出産し、父親はその都度異なっていたのですが、都合三回とも、子犬たちは小さな白い斑点を持つ、濃い黒色の毛並みを持っていました。

したがって、犬において、交雑の利点を最大限に引き出すためには、まず、交配される二種の犬を慎重に審査する必要があるのです。近親交配の血筋が何らの障害をもたらすことなく、しかも、期待通りの結果を得るには、この方式が最良です。

たとえば、血筋AとBの交配の結果、常に似たような特質を持った子犬が生まれる場合には、この子犬たちに画一的な訓練計画を立て、それを厳しく適用すれば、完全な盲導犬のように、非常に有用な犬が得られるでしょう。

近代遺伝生物学の研究と関連のあるこの方式こそが、絶対に信用のおける作業犬を得る方法なのです。高くはつくものの、よい方法なのですが、その採算性の研究は私の課題から遠いものです。しかし経験ある遺伝学者しかおこなえない事前研究は、対象とされた犬種における遺伝問題に大きな光明を与えるはずなので、真面目な繁殖家には大歓迎され、採算は取れるのではないでしょうか。

近年、私は二犬種の交配に力を入れて取り組んでおり、「二種の交雑が最良である」という昔からの格言を確認しています。もちろん、それは、その二犬種の種犬が最良の遺伝形質を持ち、それらの調和がとれるという条件下の話です。

このようなわけで、私は、ドイツ・シェパードとコリーの交配が非常によい結果を生むことを発見しました。長い間、私の所に、この種の混血犬が一匹いたのですが、美しいばかりでなく、一緒に過ごして大変心地よい犬だったのです。

ドイツ・シェパードとクワス犬（ハンガリアの白色牧羊犬）の雑種犬は、若くても、また多少歳を取っても、多くの点でコリーに似ているのを見て大変興味を感じたものです。これは、いろいろな犬種の歴史研究において面白い事象でしょう。いずれにせよ、一部のコリーの飼育家は、この犬を大変うらやましく思い、その血をコリーの飼育に導入すれば、確実に改良に役立つと考えているのです。ミュンヘンのある新聞社主催の、雑種犬ドッグ・ショーで、このクワス・ドイツ・シェパードの雑種犬「バスコ」が二等賞を取りました。その飼い主は、アネリーゼ・スタイニック夫人であり、夫人は、試験的犬繁殖に関する、我々のクラブの繁殖読本の責任者なのですから、美しい混血犬を持つ権利は当然あるわけです！

二犬種の雑種と混血

この件に関し、よく人から、「雑種」という言葉は人聞きがよくないから、別の言葉はないものか、と聞かれます。この質問は、何らかの雑種犬と幸せに暮らしている人々から常に寄せられるのです。さて、ある犬の価値とは、まずそれ自身から、そして人間との関係から認められるものであり、そもそもが不正確な動物学上の用語からくる全体的な概念によって決定されるものではありません。なぜならば、動物学においては、二種間の混血のみが「雑種」であるからです。同一「種」内の亜種同士、同一「種」内の別血統の交雑は「混血」と呼びます。私の犬は混血と言えるのですが、この言葉は余り使われていないため、「この犬は混血ですよ」と言えば、「コーカサス・テリア」、「中国スピッツ」などという言葉と同じくらい、尊敬の混じった、驚きの声が聞かれるのです。

ドイツ・シェパードとスピッツの混血雄犬。非常に賢く、個性豊かである。

雌ボクサー

ボクサーとチャウチャウの混血犬。ボクサーの影響を受けつつも、チャウチャウの真っ直ぐな口吻が残っていることが観察される。

短毛の雌チャウチャウ

ドイツ・シェパードはどの犬種と交配してもよい子孫を作ることがあるようです。それとスピッツの混血で私の大変気に入った犬がいましたし、セント・バーナードとの間でできた犬は、特別な犬種かと思われたほどでした。私もこの種の頑丈な混血雄犬を一匹持っており、色と耳の形からレオンベルグ種かと思われたくらいです。ちょっと離れた所から見ると、この犬は、セント・バーナード、ニューファウンドランド、ピレネー犬などから生まれたような印象を与えるのです。

私の仕事仲間にほかの交雑で非常に興味深い犬を作り出した人々がいます。これは、父犬がチャウチャウで、母犬がボクサーというものでした。この混血犬、短毛のチャウチャウ、雌ボクサーの三種の頭部を比較するとどのように似通っているのかが判るのです。既に申し上げたとおり、交雑は時として、その血縁関係、あるいは先祖の関係について光明を与えてくれる場合があります。この理由から、私のところでは北極地方の犬を交雑していました。エルク・ハウンドのビナはハスキーとの間に生まれた子犬を育てましたが、この子犬たちは今までに遺伝形質についてさまざまなことを教えてくれたものです。

このような試みは真面目な研究に意味がありますし、野生の犬との試験的交配も大変興味深いことです。ドルトムントにおける国際犬学会において、キール大学家畜動物研究所所長ウォルフ・ヘーレ氏は、この件について、犬の飼育に大変有益な観察結果を報告しました。我々の遺伝の仕組みに関する知識というものは、犬の飼育を体系的におこなうには完全な域からほど遠いことは明らかです。

ここにおいても、探究すべき広大な原野が開かれている感を禁じえません。交雑あるいは近親交配の試みなどは、我々の犬における、しばしば非常に複雑な遺伝の仕組みをあきらかにすることに役立つのです。犬の遺伝における正確な知識こそが、すべての迷信、空論から人々を解き放ち、正しい犬の飼育をおこなわせる唯一の基盤です。

第六章　動物としての犬

犬とその生存条件

「厚い毛皮に被われた、狼に似た犬が二列になって雪の荒野を疾走してゆく。風は尾を弄び、舞う雪は尖って直立した耳に入り込む。蹴られた雪の結晶は空にきらめき輝く。音もなく、幽霊の如く静かに、犬たちはひっそりと橇の長い綱を引き、新雪の中を進んで行く。彼らの動作は羽のはばたきのようだ。イヌイットの御者の鞭がなり、月光で照らし出された氷上に、コヨーテのそれに似た鳴き声を上げながら長い影法師とともに犬の群れが進んでゆく時、私はこれから攻撃を開始しようとする狼の群中にいるような気がするのだった。橇犬競技はイヌイットたちを夢中にさせる遊びである。速度は時速三〇キロに及ぶ。イヌイットのハスキーは連続して二〇時間橇を引くこともできる。現地人の話では、よい犬を滑りの良好な橇につけると、湿雪でない限り、一日六〇から八〇キロをこなすそうである。積み荷がなければ、一日二〇〇キロメートルも走れるのだ……。

カークとウイリアムは犬たちを鞭で打った。大部分の犬はちりぢりになり身を潜める。ただ、二匹の強力な雄犬は命を賭けて闘い続ける。周囲の雪は彼らの傷から迸る血で赤く染まる。二匹は背中の毛を逆立てて攻撃しあい、脇腹に鋭い牙を立てようとする。イヌイットたちはしばらくの間、犬たちのなすがままにさせ面白がっていた。ウイリアムは自分の雄犬が私たちの橇犬の雄より強いかどうか確かめたがっていた。犬たちは飢えた野獣のように闘っている。疑いもなく、彼らの血管の中には、灰色の従兄弟、ハイイロオオカミの血が流れているのだ。かれらの残酷な闘い振りはイヌイットを驚かせたりはしない。犬たちは厳しい自然の中に生きる原始的な生命なのだ。苦痛や死によって彼らの心は動じたりはしない。北極地方で毎日おこなわれる生存競争が彼らの強い鎧をいやが上にも鍛えるのである。

より強力な雄が相手の皮膚の大きな切れ端をひきむき始めた時、初めて飼い主たちが介入した。猛り狂って相手を噛んでいた雄の背中に、イヌイットの手に掛かると恐るべき武器となる革の鞭が正確に命中すると、犬は直ぐ相手を放した。恐縮した様子で鳴き声を立てながら、自分の過ちを認め、しかし恐怖の様子はなく、犬は飼い主の所に這い寄ってきた。そして、伏せをし、何らの抵抗も示さず、引具をつけさせた。

勇気ある敗者の毛皮はすぐ赤い雪の層で覆われる。これが北極地方の唯一の包帯なのである。しかし、その犬はもう走ることができなかった。カークは橇の上に寝かせ、皮革で覆ってやった……」。

北極地帯のハスキーたちがいかに厳しい環境で生活しているかを皆様に示すため、ウィルヘルム・ハニングは右の文章を引用することを許してくれました。この引用内容については、もっと時間をかけて考える価値があるでしょう。物事をよく理解し、正しい判断を下すためには、北極地帯の生活条件について、ハニングと同程度の幅広い知識が必要なのは当然のことです。

一部の描写は犬好きの読者にとっては衝撃でしょう。だが、これが現実なのです。夢の世界に生きる人にとって、現実は常に衝撃的なものです。ハニングはこのような読者のために、あるいはこう書くべきであったかもしれません。「我々の忠実な橇犬は全力を尽くしている。彼らは自分が飼い主に愛されていることを理解しているし、彼らもまた我々を愛しているのだ。彼らが我々に仕える喜びは無限のものがある。我々が野営に入ると、犬は温かい身体をすりよせ、我々はこの利口な同伴者の心臓の鼓動を聞くことができるのだ」。不幸なことに私は、現実的でない記述をおこなう才能をまったく持ちあわせていないのですが、大体このように描かれるのではないでしょうか。

動物愛護協会の紳士諸君と、余りにも淘汰の進み過ぎたブルドッグ

ある日、動物愛護協会の一人の紳士が、技師の作った書類を持って来訪しました。「寝

床に藁も無い」という最初の二行を見た瞬間、私は読み進み続ける気を失い、指でつまんで協会の代表者に返却しました。彼はひと言ふた言付け加え、私もひと言ふた言答えました。最初、彼は丁寧でしたが、だんだんそうでもなくなりました。物柔らかに発言するには、私はすこし怒りっぽく、この時まで私の心中に残っていた、よい躾けの名残は急速にしぼんでしまったのです。何が起こったか正確には思い出せませんが、私の態度は確かに、大変よろしくないものであったでしょう。いずれにせよ、動物愛護協会の紳士が私に好意を持つことは到底不可能で、彼は警察に苦情を申し立てました。

この人は、もちろん、管轄の警察が昔から私の犬たちを調査し、何らの異議が申し立てられていず、警察は警察としてなすべきこと以外は何もしていない事実を知りませんでした。彼らは、善良な警察官として、間違いが生じぬように職務を執行してくれているのです。なぜならば、このように、半自然状態でオーストラリア産ディンゴを含む犬が多数いる場合は、危険も相当ありうるからです。用心のよい官吏が数人、経験ある犬の訓練士たちと連れだって、「興味と犬に対する関心による、私的訪問」をしてくれました。彼らは私以上に、ここの犬のことを知っているようでした。

いずれにせよ、それまでは警察が友好的な訪問以上のことをしたことはありませんでした。しかし、先ほどの苦情の結果、規則に基づき、二人の警察官が公式訪問をし、犬たちがどのように扱われているかを確かめに来ました。彼らは職務規定に沿って、非常に正確、そして明快な質問をしました。もし、愛護協会の例の紳士がこれほど明快な疑問を呈してくれていたなら、私は不愉快にならなかったかもしれません。なぜならば、問題となる質問には喜んで答えることができたからです。したがって、この二人の警察官は非常に正確な説明を受け、納得した彼らは……実は、彼らも私的には既に理解していたことなのですが……帰って行きました。この事件は大分前のことですし、どう取り扱われたかは知りません。以降、この苦情申立の話は聞いていません。だが、私が充分理解したとすれば、この警察官は私の説明により、私の野生犬が、我々が通常考える犬と根本的に異なった生活形態を持ち、藁を寝床でどう使用するか知らない、ということを納得したのです。

最近、ドーベルマン・クラブの経験豊かな紳士の訪問を受けました。彼は、自分の犬が寝る前に、毎回寝床から藁を掻き出してしまうことを嘆いていました。彼のドーベルマンたちは私のディンゴとその混血犬たちと同じくらい馬鹿であるとみえます。先ほどの愛護協会の文書を書いた技師は、私の犬たちが、藁が無いので、やむなく巣の床をほじくっていると考えたのではないでしょうか？

さて、動物愛護協会の先ほどの紳士は、私の犬舎のひどい状態を確認するためだけにミュンヘンからグリュブミュルに来たのではなく、犬の保護施設から近くの村に連れてこられた犬たちが正当な取り扱いを受けているかを見る目的もあったのでした。たまたま、私は保護施設から来たこの種の犬を知っていました、というより、飼い主と面識があったのです。そしてそれ以上のことすら知っています。彼の妻は、その犬を手放さなければ離婚すると夫を脅かしていたのです。

この女性はまったく正常で健全な考えの持ち主であり、犬の敵と呼ぶにはほど遠い人でした。さて、彼女がこの「余りにも淘汰されすぎた犬」の側で暮らしてゆけない理由は、犬が呼吸困難だったからなのです。そして、それも暴れ過ぎたから起こるというものではありませんでした。犬はそんな騒ぎをすることすらできなかったのです。一日中静かに寝そべっていてもなお、この犬は呼吸が困難なのです。そして、寝ている間中、喘ぎ声が家中に響きわたってしまうのです。この犬は英国ブルドッグでした。

ところが、私が、こういう退化した犬が増えるのを防ぐのが協会の任務でしょう、と語る一〇分ほど前に、実はこの動物愛護協会の紳士は呼吸困難のブルドッグを見て、充分太っている、つまりよい取扱いを受けている、と確信したばかりでした。もし、その事実を知っていたなら、私の口からは人間の間で交わすべき範囲を逸脱した言葉が発せられていたことでしょう（既にそれまでにも若干限度を越えてしまっていましたが）。

銅板を使って芸術作品を作成しているその飼い主も、彼らが大変可愛がっていた、呼吸の問題を沢山抱えていたこのブルが自動車事故で死んだ時、彼の妻と同じように、私がその死を「苦痛からの解放」と考えたとしても許してくれるでしょう。友人は、何かの面倒を見たいという非常に人間的な欲求を持っていたのですが、今では、孫のダヴィド君にその対象を見出しています。

犬、それは四足歩行の人間なのか？

私は、動物に対する執着と愛情は、はっきり区別しないと危険だと考えます。なぜならば、動物の真の友人とは、その動物の本性をよく理解し、それに合致した取扱いをおこなうべきであると考えている人たちであり、決して、「私は人間を愛するように動物を愛している」などと言う人々ではないのです。「人間を愛するように……」などと語る、自称動物愛護家にとって、動物の真の友人とは愉快な存在ではありません。これらの人々は、犬が心筋梗塞になるまで太らせ、そして、一方では、小屋に藁の無い犬や、好きで足を水につけている犬を見て神経を尖らせるのです。

このことで、ディンゴとエルク・ハウンドの混血ノラはまずいことを仕出かしました。この愛護協会の紳士は雨上がりにやってきました。ノラがジャッカルのアリと住んでいた犬舎は厩と同時に改造中で、セメントの床はくずれ落ち、格子をはめた戸口の所に窪みができていたのです。もちろんそこには水が溜まってしまっていました。ノラは、愛護協会の人とは知らず、誰かがいるのを知って喜びました。私の犬たちはみんなこうなのです。

余談になりますが、私はこの本が泥棒の手にわたらないことを祈ります。私達夫婦が旅行中で、子供たちが留守番をしていたある夜遅く、その一年前に我が家に来たことのある知り合いがやって来ました。彼は扉を開ける仕組みを知っていたので、子供の寝室にゆき、我々の居場所を尋ねたのです。そのためには、彼は七匹の犬の前を通過しなければならなかったのですが、連中はくたびれ切って寝ており、僅かに尻尾を動かしただけでした。犬共は子犬の時から、グリュブミュルに来る人は犬の友人ばかりであることを知っているからです。なんで苛立つ必要があるでしょう？　さらに追加すると、この犬たちは強迫観念などはまったく持っておらず、人間は善良な存在で信頼するに足る、とだけ学んでいたのです。

さて、ノラも愛護協会の紳士に対して同じ考えを持ち、嬉しそうに四本の足で水にバシャンと飛び込んだわけです……。ノラのような犬にとっては、人と接触する喜びのほうが水の恐怖よりも強いのです。そしてこの紳士は、グリュブミュルでは、犬の膝まで水がある、という考えとともに家を後にしたのです。

動物に対する愛と動物保護

グリュブミュルでは、動物を愛する人々が、真顔で私を動物愛護協会に訴えるということがしばしばありました。そんな時、私は、まず、ウィルヘルム・ハニングが語ったイヌイットを訴えるべきだ、と忠告しました。ナンセン、バードも告発するに足るでしょう。そして自然すらも……。自然は、北極狼、白熊、狐、北極アザラシ、鯨など、永遠に氷に閉ざされた地方に住む動物たちを無分別ないたずらで作り上げたのですから。

私にも若い時代がありました。自分にとって愉快なことすべて——運動以外、何でもやりました——が犬にとってもそうであると思っていました。しかし、犬たちは徐々にではありますが、このような考えを持っているとうまくゆかぬことを教えてくれたのです。私が快適と思うことが、必ずしも彼らの本性とは一致しないことを常に示してくれました。

たとえば、私のハスキーがこの章の冒頭を読むことができたら……。このように美しい犬を持つことを嬉しく思いながら、夜になると私は彼を寝室に伴います。私も無分別なことをやっているわけなのです。犬は私に逆らいません。でも、もう少し寒くなって暖房を入れ始めると、犬は廊下の石の上に横たわるようになり、呼んでも来なくなります。

犬にせよ、ほかの生き物にせよ、私は、彼らに本当の危険が迫り、助けなければならない場合以外、強制はしない習慣です。ハスキーは、彼を呼ぼうという私の試みを無視し続けたので、そのまま放置しました。今となっては、非常に暖かくした部屋に一緒にいることすらしなくなってしまいました。冷たい石の床が、ハニングが大変印象的な筆致で描いたものにとって代わっているのです。

多くの人が、オーストラリアは熱帯大陸であると思っています。北部ではその通りですが、気候に変化の多い場所もあるのです。最初に与えた犬舎の中で、ディンゴたちは寝床を壊してしまいました。私は犬の横暴を許したくはありません。寝床を壊したなら、その結果には我慢して貰おう。何とかするのは彼らの仕事である。そして結果はうまく行ったのです。犬舎の中央の小さな丘には柳の植え込みがありますが、西風が強く吹くと、犬たちは丘の東側の雪に穴を掘り、風に邪魔されずに眠るのです。東風の時はこの反対、というわけです。日中、歯を鳴らし、頭を垂れて過ごすわけでもありません。夏と同じにふるまっています。彼らにとってすべては順調なのです。私はこのようなことを自分の経験によって知っているわけです。ある動物を、あるがままに見るには、相当の克己心が必要なのです。人々はもっともっとよくしてやりたいものなのです！　私、協力者、妻……我々は、ものごとの是非について何度激しい議論をしたでしょうか……そして、どれだけ後悔したでしょう。

しかし、長い年月をかけ、この議論は収拾されていきました。物事が判ってきたのです。私自身は、何度も同じ過ちをくり返したあげく、最初に引用したハニングの数行を興味を持って読み、それが、私が進歩するにつれて心中で徐々に形成されてきた考えを補強していると感じています。

もちろん、すべての犬がハスキーのように北極地帯の条件に順応しているわけではありません。でもよく考えて見てください。もし、ハニングの言っていることが本当に生存に好ましくないのだとするなら、ハスキーは存在しているでしょうか？　もし、彼らがその生活条件に苦しんでいるなら、繁殖することができるのでしょうか？　もし、そうであるなら、ハスキーも存在しないし、イヌイットも同じことでしょう。

犬が本来どうあるべきか、ということをもう少し考えてみましょう。

通常の作業犬の場合、耐久試験として、自転車の後ろをついてこさせ、一回の休みを挟んだ二〇キロを走らせます。もし、なんとかゴールに到着したとしても、大部分の犬は舌を垂らしています。ところで、ハニングはどう描いているのでしょう？　「積み荷がなければ、一日二〇〇キロメートルも走れるのだ」。私が一日で一番長く歩いた距離は七〇キロ余りでした。戦術的に優っていたドイツ軍が勝ち誇っていた時の話です。私はロシアで、歩くとはどういうことかを学んだのです。二〇〇キロを徒歩でゆくことは不安でもあり、異様にも思えました。しかし、ドイツ・シェパードが二〇キロの道をこなせないのは、人間が彼らの何かをそこなった証拠でしょう。私が目的とするところは、イヌイットの真似をせよ、ということではまったくありません。しかし、北極地帯ではこういった具合であり、犬たちはそれに耐えているのです。私は、二〇キロ走った後で足を引きずる犬よりも、怪我をし、皮革を被せられ、橇に横たわるイヌイットの犬になるほうがはるかにましに思えます。

結局、我々は犬に対して何をしたのでしょうか？　繁殖を通じて、性質が徐々に退化し、植物のような、最小限の活動しかできないような状態にさせてしまうことを受け入れるのが動物愛護なのでしょうか？　呼吸困難に悩むブルドッグがぶくぶく太っているといっては喜び、厳しい環境で犬が健康に生きていることを非難するのが動物愛護なのでしょうか？　私の申し上げることは我々を軟弱にするいい加減な態度には手厳しくとも、犬自身に対して向けられたものではありません。

動物保護のためにはその性質を充分理解する必要があります。そういう知識を持つ者のみがこのような企てに参加するべきでしょう。知らない人は手を出すべきでないのです。なぜならば、状況次第では、役に立つどころか、害になる場合すらあるからです。

こんにち、我々はその知識を充分持っているとは考えられません。しかし、そうであるからこそ、すべての手段を尽くしてその知識を広め、深めなければならないのです。不完全な知識から生まれた感情に引きずられてはいけないのです。また、我々は理性を自然科学の領域における指針とすべきで、歪められた感情を隠蔽するために用いるべきではありません。組織において、何らかの役目を果たすのは大変嬉しいことであり、この役目がほかの人々から評価されていると気がついた時、男として喜びを感じることは、私も自分の経験から知っています。しかし、この役目のみを考えて引き受けるのではなく、知識を進歩させるために役立たなければなりません。研究において進歩を遂げる人は、知識の探究には際限がない、という現実をよく認識しているものです。

こう述べながら、私は、コンラート・ローレンツ、ニコ・ティンベルヘン、カール・フォン・フリッシュなどのことを考えており、彼らがノーベル賞を受賞したことに、我がことのように誇りを感じるのです。ローレンツは一九三〇年代からハイイロガンの行動を研究していました。四〇年余りが過ぎて、彼は、この領域において、今後なにが発見されなければならないか、ということがやっと判り始めたことに気づいたのです。トゲウオの夫婦の基礎的行動様式に関する知識は、ニコ・ティンベルヘンの研究の賜物です。四〇年経った今日、何人もの研究者がこれを分析しようとしています。カール・フォン・フリッシュはミツバチの言葉を発見し、その弟子たちは絶えず、新しい発見に取り組んでいます。

数年前、ゼーヴィーゼンのマックス・プランク研究所で、トゲウオの行動の一定の要素についての最新の行動生理学的観察を、既に相当の年齢となっていたティンベルヘンの弟子が発表したことを思い出します。

最後に、ローレンツは次のような至極もっともな見解を述べています。「三〇年前、チンパンジーの専門家であるアメリカの研究者ヤークスは、この猿の行動についてすべては解明された、と考えていた。さて、ほんの数年前、勇敢な若い娘、ヤーネ・ホーダルはコンゴでチンパンジーの群れと一緒に過ごし、その考えが間違っていたことを証明した。また、トゲウオは非常に下等な種類の動物であり、一見すると、その本能の仕組みは容易に理解でき、はるか以前から解明されている生き物のように見える。それにもかかわらず、こんにちでも新しい事実が発見されるのだ」。

犬の本性を知ること

私は、この見出しの言葉を、犬を知っている、と信じている人々に申し上げたい。これは我々にとって、警告なのです。我々が犬について知っていることは、純血犬種のスタンダードであり、それは犬ではなく、人間が作ったものです。残りの部分は、相当な研究にもかかわらず、未開の荒野のありさまです。根気よく続けられた四〇年にも及ぶ研究によっても、トゲウオのように原始的な生物を（遺伝生物学の面から見ても）正確に理解することができないなら、どうして犬を、言い換えれば、脳の構造がトゲウオのそれをはるかに凌ぐ動物を、知ることができるでしょうか？

私は犬を知りません。犬に関していくつかのことは知っていると思います。しかし、厳密な自然科学的意味において、批判を受けずに証明できうる、私が本当に知っていることは次のことだけなのです。「現在の我々の犬に関する知識は、いろいろな研究の道を開くには充分である」と。

さて、犬を人生の友と感じ、生き延びることも不可能なくらい犬を退化させたのは人間の罪だと考える充分人間的な人々は、動物愛護を感情ではなく、理性で考えるでしょう。彼らは、繁殖の過程においてなされる変質は、「繁殖による拷問」とならぬよう制限が加えられるべきである、と理解しているはずです。

人間の食料を作るため、経済的役割を果たす動物についてはいろいろな議論があります。我々は、「鶏卵製造工場」を建て、その中では、足のふくれあがった雌鶏が、人工光線の下で短い間に最大限の卵を生産しています。その卵の栄養価は、農家で堆肥をかき混ぜたりしている鶏のそれと比較にならぬほど低いのですが、年間六、七〇ではなく、四〇〇個もの卵を生産できるのです。

我々は狭い区画に子牛を押し込め、オーブンに入れると破裂した風船のように縮む肉を早く取るため、無理やり餌を食べさせ太らせます。

豚をコンクリートの塔に入れ、自動装置で脂をつけるのですが、その肉はよく噛んだチューインガムの味と同じで、栄養価も似たようなものです。

我々は、健康な子牛を二、三回の妊娠で一度しか産めない雌牛（それも獣医師の手を借りての話であるが）を育てていますが、その牛は我々が必要とする以上の牛乳を生産するのです。

もし、酪農が、尻尾を食べる想像上の蛇と比較したくなるような道をたどるなら、我々は自分たちが食べる気のしない動物を育てずに、友と名付けたくなるような動物を育てる別の商業化の方向におそらく進まざるをえないのでしょう。世界の動物の中で、犬ほど、人間が密接で友情あふれる接触を保っている生き物はいないことを忘れてはなりません。

もし、本当に犬を真面目に考えようとするなら、その性質についての研究をやめるべきではなく、また、人間を真面目に考えようとするなら、我々の本性の探究についても同じことが言えるのです。

我々の住環境の惨めさは、自然が余りにも知られていず、この領域の研究が真面目に受け取られず、限度を越えた無責任な開発がおこなわれている証拠でもあります。我々は豊かな大地を砂漠に変え、あらゆる水を下水のようにし、手当たり次第、生き物を滅ぼして自然の均衡を破壊しています。我々の孫、あるいは曾孫達の生存が保証されるように、それらに均衡を保たせるため、どれほどの支出が必要か測り知れません。

これらは、商業的、あるいは政治的理由により、人々が生物学的研究成果を考慮に入れないことから生じた現象なのです。こんにち、生物学者は、なるべく早く、しかも最低の費用で万事を修復することを求められていますが、時は既に遅すぎるのでしょう。科学の進歩にもかかわらず、破壊されたものは元に戻らないのです。世界の動物学者の最良のチームを作っても、完全に絶滅させられた動物を生き返らすことは不可能なのです。

かたや、細心の注意を払うこともせず、障害があって生きることもできない犬を生ませながら、しかも罰せられない繁殖家がいる時に、犬を殴った人間を罰することにだけ動物愛護の関心が向けられるべきではないでしょう。犬にとって、殴られたり酷い扱いを受けたりするのは楽しくないことは明らかですが、このようなことは、事実が発生した時に人々が注意すべきなのです。私が犬であったなら、一生（非常に短くされたものにせよ）

の間、変形した鼻孔から必要な空気を吸ったり、曲がった足で厚い脂肪を引きずって歩くより、不親切な男に毎日鞭で打たれ、短い鎖につながれるほうがまだましです。私が雌犬であったなら、ひどい痛みとともに、あるいは帝王切開によって子犬を生むよりは、毎日殴られたほうがよいでしょう。私が犬だったら、ドッグ・ショーの時きちんとした身なりをさせられるより、酷い扱いをされたほうがましです。ショーの目的は飼い主の虚栄心を満足させることで、私は物にすぎないのですから！

　結局のところ、動物を真面目に考える人――我々の場合、動物とはすなわち犬なのですが――にとっての動物愛護とは、人間の感情の問題ではなく、知識の問題なのです。犬を我々の感情から派生した不当な役割から、商品としての役割から、我々の心理上の問題を解決する役割から、魂のない展示会の対象としての役割から、解放するには、知識の手を借りる以外はないのです。

　私は旧著の最後の章で、ビョルン一家について描きました。あれから何年もの月日が流れましたが、我々はグリュブミュルにおいて、絶えず、今日でも、より広い範囲の、役に立つ、そして説得力のある犬の家族たちのいろいろな物語と共に生きているのです。目新しいものではありません。しかし、犬たちがみせる同士愛にみちあふれる偉大さにいつも心を打たれます。また、我々は人間の共同生活そのものを犬の家族の規範になぞらえてもみました。それは必要で時宜に叶ったものなのです。

同胞に対して過ちを冒すことは罪ではないでしょうか。そして生活の伴侶の犬に対して過ちを冒すことも等しく罪なのです。また、この伴侶が自分に依存していればいるほど、犬に頼りにされていることを、自己愛のために濫用すべきではありません。

自然と逆行する人間性の喪失に基盤を置いた、「動物愛護」などという思い上がったことよりも、動物についてのより謙虚な知識を深め、それを自らのために用いるほうがよくはないか、と反省すべきでしょう。その知識とは、動物の性質を知るには不充分ではあっても、動物の役割を常に忘れず、それに対する我々の役割を正確に推し量らせるに違いないのです。このように考えてくると、我々は次の選択の前に立たされているのです。人間は自然を従えるべきか、それともその均衡を保つために努力すべきなのか。

後者を選ぶことがはるかに高くつくことは判っています。それは人間の優位、野望、そのほかの多くの物の放棄につながるからです。なによりも、それは、我々の理性を、学び続け、研究をし、より多くの知識を獲得することに使うことを求めているのです。しかし、犬を真面目に考え、犬がその名に値し、犬であり続けることを可能とするためには、ほかに道はないと思うのです。

本書の目的はそこにあり、多数の苦言を含んでいます。しかし、犬がどういうものかを知っておられる方々は、私の苦言をお許しくださるでしょう。

訳者あとがき

一九九一年、赴任先のブリュッセルの本屋で犬の本を物色していたところ、分厚い本が目にとまりました。第一章の冒頭に、「私たちが見ている成犬は、親から受け継いだ遺伝と、生後の環境の二つの要素から作り上げられたものです。この二つの要素のいずれが重要ということはできず、非常によい遺伝を持って生まれても、生後の環境がよくなければ、そのよさは失われてしまいますし、反対に、いくらよい環境で注意深く育てても、悪い遺伝を消し去ることはできません」。

その後、いろいろな書物を研究し、今では当然のこととして受け止めているこの数行が、当時の私には実に新鮮に思えたのです。早速購入した本をその日から読み始め、数日で主要部分を読み終えてしまいました。これほどまでに私を引きつけた本は、おそらく、少年時代に読んだ、シートンの『動物記』以来初めてでしょう。

第一章「子犬から成犬へ」では、いわゆる臨界期の問題を論じており、とかく軽視されがちな子犬の幼少期の管理がいかに犬の精神面の発育に決定的な影響を及ぼすかが説明されています。

第四章「友としての犬」では、犬の人間に対する、あるいは、犬同士の愛情というものが、どんなに機微に富んだものか、をよく理解させてくれます。ひどい飼い主のもとに育ち、著者によりやっと、犬としての幸せをつかんだシェパード、トーマスの物語は何度読んでも私を涙ぐませずにはおかないのでした。「犬というものは、人間と同じに、いや、それ以上に、愛情深く、ひたむきな生き物なのだ」と。

読み終えた私は、犬に関心のある日本の人々のために、なんとしても、我が手で本書の翻訳をおこない、読んでいただきたいとの鬱勃たる気持ちを抑えかねて、日本に帰国しました。しかし、内容が極めて優れているとはいえ、論調がやや高度な上、ボリュームも相当なので、一般の読者の関心をどの程度集められるものなのか、自信が持てませんでした。ところが、中央公論社の笠松巌氏は一部の仮訳を見るや本書の価値をただちに理解され、出版を快諾してくださいました。しかし、私が本書を手にしてからその日までに、数年が経過したため、作者のエーベルハルト・トルムラー氏は惜しくも他界され、私が疑問とする何点かを確認するすべが失われたのはなんとしても終生の心残りです。

本書の原題は *HUNDE ERNST GENOMMEN* であり、私はフランス語版により重訳を試みたものです。また、専門書としてではなく、犬に関心のある読者に広く読んでいただきたいとの願いから、犬の運動形態、歯列についてのやや専門的な著述の部分は省略すると共に、今日では古い記述となってしまった遺伝学についての一部も割愛し、極力平易で読みやすいものとするよう微力を尽くしました。したがって、省略部分につき、拙訳を参照なさるご希望のある方は、訳者にご連絡くだされば、可能な限りの便宜をお図りしたいと考えます。

本書を訳し終え、一番心に残るのは、人間により作り上げられた、いわゆる純血犬種の将来に対する著者の危惧の念です。狼を改良し、これほどまでに素晴らしい犬種を作り上げたからには、ゆき過ぎた商業主義を排除し、心身ともに健全な犬種の維持に力を注ぐべきである、という彼の血の出るような熱い思いは、現代文明に対する痛烈な批判も含んでいるのです。

本書の初版は一九七四年ですから、この本は新しいものではなく、むしろ古典に属するでしょう。しかし、その間、犬の本質が大きく変化したわけではなく、本書に書かれている真理は永遠のものなのです。

動物愛護とは、その本性を理解するところから生まれ、決して、人間の自己満足によってなされるべきものではありません。そのことを明確に教えてくれ、あまたの犬の飼い主が理解しなければならない犬の本質を解きあかしてくれる本、それこそが本書なのです。

本書の翻訳に当たっては、語学的な面においては、筑波大学助教授渡辺重朗先生、獣医学の面から柿沼綾子先生、遺伝学については、広島大学教授嶋田拓先生に多大のご教示を頂きました。また、訳文の至らぬ点については、長年の友人の大野陽子女史から多大のアドバイスを頂くとともに、担当の中央公論社書籍編集部の横田朋音女史の手をおわずらわせいたしました。日本の犬たちに代わり、これらの方々に厚く御礼申し上げます。

渡辺　格

『犬の行動学』一九九六年十月　中央公論社刊

中公文庫

犬《いぬ》の行動学《こうどうがく》

2001年11月25日　初版発行
2016年12月25日　4刷発行

著　者　エーベルハルト・トルムラー
訳　者　渡《わた》 辺《なべ》 格《ただし》
発行者　大橋 善光
発行所　中央公論新社
〒100-8152　東京都千代田区大手町1-7-1
電話　販売 03-5299-1730　編集 03-5299-1890
URL http://www.chuko.co.jp/

印　刷　三晃印刷
製　本　小泉製本

Published by CHUOKORON-SHINSHA, INC.
Printed in Japan　ISBN4-12-203932-0 C1140

定価はカバーに表示してあります。落丁本・乱丁本はお手数ですが小社販売部宛お送り下さい。送料小社負担にてお取り替えいたします。

各書目の下段の数字はISBNコードです。978-4-12が省略してあります。

中公文庫既刊より

の-10-1
猫のほんね
野矢雅彦
植木裕幸
福田豊文 写真
わがままで気まぐれに見える猫たちも、本当は気持ちを伝えています。獣医さんが教える猫のことばに耳をすまして、猫ともっと仲良くなるための本。
203983-4

く-15-2
ドイツの犬はなぜ幸せか 犬の権利、人の義務
グレーフェ彧子《あやこ》
「犬と子供はドイツ人に育てさせろ」というほど、犬の飼い方に関して飼い主に厳しい義務が課せられている動物愛護先進国からのユニークなレポート。
203700-7

む-4-10
犬の人生
マーク・ストランド
村上春樹 訳
「僕は以前は犬だったんだよ」……とことんオフビートで限りなく繊細。村上春樹が見出した、アメリカ現代詩界を代表する詩人の異色の処女〈小説集〉。
203928-5

く-20-2
犬
クラフト・エヴィング商會
川端康成／幸田文 他
ときに人に寄り添い、あるときは深い印象を残して通り過ぎていった名犬、番犬、野良犬たち。彼らと出会い、心動かされた作家たちの幻の随筆集。
205244-4

く-20-1
猫
クラフト・エヴィング商會
井伏鱒二／谷崎潤一郎 他
猫と暮らし、猫を愛した作家たちが思い思いに綴った珠玉の短篇集が、半世紀ぶりに生まれかわる。ゆったり流れる時間のなかで、人と動物のふれあいが浮かび上がる、贅沢な一冊。
205228-4

た-80-1
犬の足あと 猫のひげ
武田花
天気のいい日は撮影旅行に。出かけた先ででくわした奇妙な出来事、好きな風景、そして思い出すことどもを自在に綴る撮影日記。写真二十余点も収録。
205285-7

チ-1-2
園芸家12カ月
カレル・チャペック
小松太郎 訳
軽妙なユーモアで読む人の心に花々を咲かせて、園芸に興味のない人を園芸マニアに陥らせ、園芸マニアをますます重症にしてしまう、無類に愉快な本。
202563-9